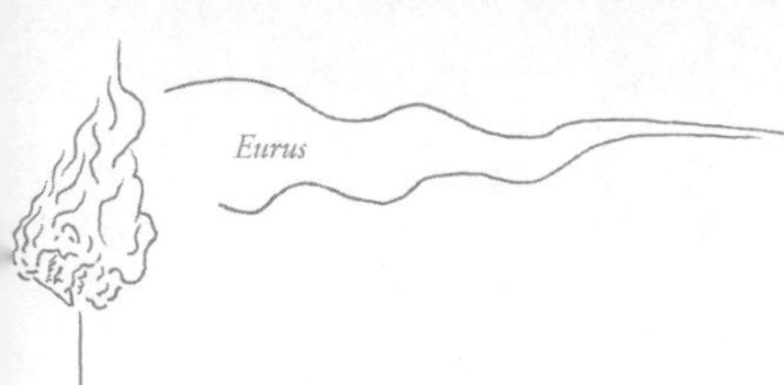

Notus

伊藤由佳理 Yukari Ito

美しい数学入門

Boreas

Zephyrus

岩波新書
1842

はじめに

2014年の12月，私は名古屋大学の全学教育棟の片隅にあったキラキラと光るきれいな展示スペースに足を踏み入れました．様々な星形多面体のランプシェードが飾られていて，クリスマスの飾りのような楽しい空間でした．普通の殺風景な教室が素敵なギャラリーになっていたことに驚きました．いろんなきれいな形を見て，数学の展覧会もやってみたいと思い，その会場にあった感想ノートにコメントを残しました．それからしばらくして，ギャラリーを運営している学生から連絡があり，数学の展覧会が実現できることになりました．

そのころ，小学生だった息子とは，いろんな博物館や科学館に行っていました．私が子どものころの博物館は薄暗い空間に恐竜の化石などが並んでいるような，ちょっと怖いところでした．今は動画で説明されていたり，自分で動かして体験できたり，とても楽しい博物館がたくさんあります．息子が興味を持っていた宇宙やロボットに関する展示ばかりを一緒に見学しているうちに，だんだん自分も興味を持ち，ロケットの打ち上げ中継を観るほどの宇宙ファンになっていました．ところがふと，科学館には数学の展示がほとんどないことに気付いたのです．

その後，たまたま夏休みにドイツやイギリスに行くことがあり，子どもたちといろんな「数学博物館」を訪ねました．日本にはない数学の展覧会です．そろばんのようなものから現代のコンピュータまでが展示してある部屋もあれば，パズルもあり，幾何学の模型がならんでいる部屋もありました．展示物には関連する数学の説明もちゃんと書かれていました．科学館同様，こんな展示を見て，数学に興味を持つ子どもだっているはずだと思い，日本にも数学博物館を作ってみたくなりました．

またあるとき，日本数学会で女性数学者数名が集まって「どうやったら女性数学者を増やせるか」という議論をしたことがありました．その場にいた女性たちはみな，数学が好きとか，もっと勉強したいという興味だけで数学科を選んでいて，理系に男性が多いかどうかは気にしていませんでした．実際，女子中高生向けの数学のイベントに参加するのはすでに数学に興味を持っている生徒だけです．数学に興味を持つ女性を増やすには，中高以前に数学に興味を持つ機会を増やさないといけないのです．その会合の直後の日本数学会の春の学会では，小中学生向けの数学のイベントを行いました．数学への興味を持つ機会を増やすためには単発のイベントではなく，日常的に刺激を受ける必要があります．科学館のような「数学博物館」はそんな機会のひとつにもなります．

まず，理学部1年生の学生向けの「数学展望」という現代数学を紹介する講義で，「数学博物館があったら，どんな展示をするといいか？」という問題を与え，『数学博物館を作ろう！』というテーマで，ポスターを作ってもらいました．理学部の学生なので，もともと数学が好きな学生も多いのですが，小学生から楽しめるようなパズルのようなものから，高校生向けの発展的な内容のものまでさまざまな作品が出来上がってきました．そして不思議なことに，その作品のほとんどが数式を使わず，数学の面白さを伝えていました．

名古屋大学の小さなギャラリーは，学芸員を目指している学生たちが運営しているものでした．そのメンバーはほぼ全員が文系学部に所属しており，数学を専門にしている人はいませんでした．ところが理学部の学生たちが作ったポスターが展示された会場で，皆がじっとポスターに見入って，「数学って面白い！」とか「こんなパズルにも数学が隠れているんだ！」と感心していたのです．これだけでも私には十分嬉しく，展覧会は成功でした．

その後，いろんな学部の現代数学入門の講義を担当する傍ら，学生たちに『数学博物館を作ろう！』という展覧会の展示物を作ってもらいました．2回目は，工学部の学生による『数学は役に立つのか？』というテーマの展示で，そこには多くの工業製品や工学的な研究現場に使われている数学が紹介されていました．彼らにとって数学は，必要不可欠な道具です．そのせいか多くのポスターには数式が溢れていましたが，私の知らない数学の使われ方がたくさんあって，とても勉強になりました．そして出来上がりもすごくきれいでした．3回目は，文系学部の学生たちと『文化としての数学』というテーマで開催しました．数学史や数学を用いた芸術などがテーマに選ばれ，ポスター自体も芸術作品のように美しいものもありました．

理学部，工学部，文系学部とほぼすべての学生による数学の展覧会を開催したあと，数学の専門家である数理学科の学生にも協力してもらいました．テーマは『群論』です．ここでは少人数のグループを作り，展示内容が重複しないよう，また基本的な数学の内容から応用まで網羅できるように工夫しました．最終的には一人一作品でしたが，グループごとの作業は，普段大学に来ても授業を受けるだけで，ほとんどの人と会話もしない数理学科の学生には，同級生と交流するという別の意味もありました．数学をみんなに理解してもらいたいという気持ちのつまった盛りだくさんな展覧会になりました．そして最終回となった5回目は理学部1年生の「線形代数学」でした．行列は高校で学ばなくなりましたが，実際にはいろんなところに使われているので，その重要性を訴えたかったのです．学年末だったので，翌年の新入生に行列とはこういうものだよと伝えるメッセージとして作品を作ってもらい，翌年度の4月に展覧会を開催しました．この展示をしてはじめて，高校の数学から行列がなくなったことを知った大学教員もいたようです．

このような展覧会の開催に協力してくれた学生たちのおかげで，数学の展覧会が5回もできました．さらにその総括として名古屋大学博物館では『美しい数学』というタイトルで数学の展示をさせていただきました．その後，異動した先の研究所や図書館でも同内容の展示をさせていただきました．常設の「数学博物館」まではまだ遠い道のりですが，これまでの展覧会や学生たちへの講義をもとに本書を書きました．

いま人工知能(AI)やデータサイエンスなど，いろいろなところに数学が使われています．今後も数学の需要はもっと増えることでしょう．数学をこれから学ぶ人にも，数学には興味がなかった人にも，本書で数学の美しさや，数学の世界の広がりをお伝えできたら幸いです．特に6章はお読み頂きたいです．

目　次

章扉イラスト：中島絵美理

1

数学の世界へ！

――「同じ」とはどういうことか？

特別なメガネ

数学はたくさんあるものを整理する道具である．世の中にはいろんな形，いろんな色，いろんな匂いなど，様々な性質のものがある．そんな混沌とした状態を何か特別なメガネで見てみると，意外と秩序のある世界に見えてくる．そんなメガネを提供するのが数学である．

そんなメガネは見たことない！とか，そんなメガネはどこに行けば手に入るのだろう？と思うかもしれない．実はそんなメガネを作る力を私たち人間は持っている．おそらく誰でも持っている．ただし，人によってそのメガネの役割が異なるので，家族でも全然ちがうメガネを作るかもしれない．そして，そんなメガネを作るのを生業(なりわい)としているのが数学者という人たちである．

よく「数学者は何をしているのか」と聞かれる．数学という言葉から連想されるのは，多くの人にとっては，中学や高校で学ぶような学校で習った数学である．そして学校では先生が何かを説明してくれて，そのあと必ず問題を解いて，テストもあった．だから数学者も何か問題を解いているのだろう？ いつも紙に向かって鉛筆を走らせ，時折，ああでもない，こうでもない，とぶつぶつ言いながら，何か複雑な計算をして，その答えが出ると「できた！」と喜んでいるように思われることも多い．

「問題を解いている」というのはまんざら間違いでもない．そして「できた！」と喜ぶこともときどきある．でも中高生の演習問題と違って，模範解答もなければ，テストもない．数学者の「問題」は，まだ誰も解いてないものでなくてはならないので解答はない．「できた！」と喜べるのは，誰よりも早く見つけて，その正しさを証明したときだけである．他の誰かが先に解決していた場合は，別証明として認められることもあるが，同じ証明方法の場合は「残念！」となり，自分の結果にはならない．また考えている「問題」はいつも正しいとは限らないので，解けないこともある．ある問題を解決するためにたくさん計算することもあるが，実は数学者には計算が苦手な人も多い．というと，すごく驚かれるが，数学者数名でご飯に行った時に割り勘したり，おつりを数えたりするのにけっこう時間がかかる．

計算が苦手な人で数学ができる人なんて，中高生のころはいなかっただろう．いったい数学者とはどんな人たちなのだろう．もちろん難しい暗算を瞬時にやってしまう数学者もいるが，そういう人はたいてい小さいころにそろばんで鍛えた人である．数学者になるには，そういう計算能力ではなく，最初に書いたようなメガネをうまく作る能力が重要なのである．

分類と同値関係

さて，ここで日常生活の中にもある「メガネ」の例をあげよう．今日はたくさんの洗濯をしたとする．最近の洗濯機は，乾燥まではしてくれるが，クローゼットや洋服ダンスに片づけてはくれない．いま目の前に，赤，黄，緑，青の4色のTシャツ，ランニング，短パン，靴下，全部で16枚の洗濯物があったとする．そしてあなたは一人暮らしだとすると，だれも手伝ってはくれない．さて，これらをどのように片付けるか．

一人暮らしなら，誰も見てないから，そのまま部屋の隅に積んでおくよ！というのもひとつの方法である．でもそれでは面白くないので，引き出しのついたタンスを準備する．引き出しは何段あってもいい．16枚をそれぞれ1枚ずつ16段の引き出しに入れることもできる．でも，それはあまり現実的ではない．引き出しの数はそんなに多くはない．

実際にこのような場合，あなたはどのように洗濯物

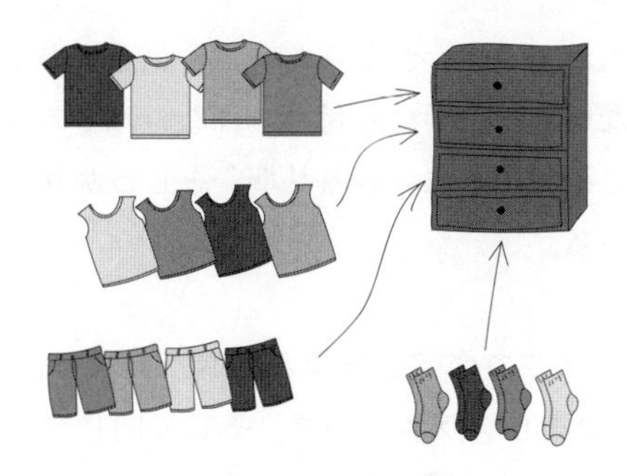

を片付けるか．かなり多くの人は，種類別に片付ける．Tシャツは Tシャツだけまとめる，という方法である．たまに色別にしまうという人もいる．赤いものをすべて同じ引き出しに入れるのである．他にも 4 色セットにするなど，片付け方はいろいろあることはわかるだろう．

じつはこの「洗濯物を引き出しに片づけるルールを決めること」が数学のメガネなのである．種類で分ける，色で分けるというルールを決めないと，どの引き

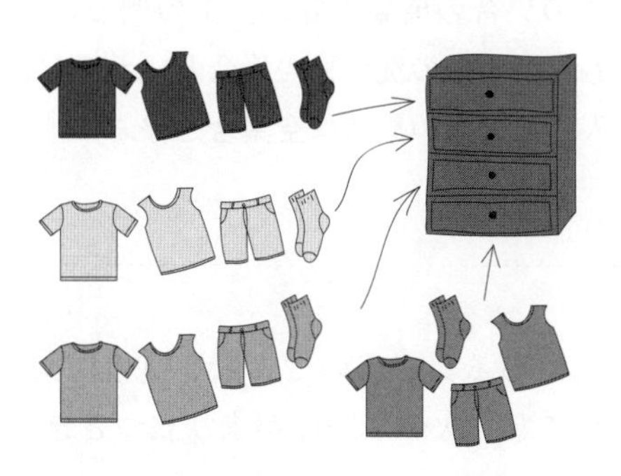

出しに入れてよいかわからない．しかもうまくルールを決めないと，上手に片付けられないのである．つまり「同じ引き出しに入れる基準」をしっかりと決める必要がある．

数学ではこの作業を**分類**と呼ぶ．英語では classification，つまりクラス分けだ．そして同じクラスに入ることを数学では**同値**といい，同じクラスのことを**同値類**という．さらに同じクラスに入る基準を**同値関係**という．実は数学では，この同値関係というのは，どんなものを分類するときにも使える強力な条件である．以下に述べるのが，この同値関係の定義である．数学では，皆が共通して使えるルールを定義と呼ぶ．

まず定義を述べる前に，必要な用語を準備する．**集合**とはものの集まりである．人の集まりでも，数字の集まりでもなんでもよい．その中に入っている人や数字を，その集合の**要素**と呼ぶ．上の例では，16 枚の洗濯物も，目の前の洗濯物の集合といえる．また要素が何も入っていない集合は**空**（くう）**集合**と呼ぶ．

定義
空でないある集合 S のどんな 3 つの要素 a, b, c に対しても，次の三条件が成り立つとき，関係

$\sim$ を**同値関係**と呼ぶ.

1)　$a \sim a$

2)　$a \sim b$ ならば $b \sim a$

3)　$a \sim b$ かつ $b \sim c$ ならば $a \sim c$

ここに現れる3つの要素は, どんな3つであってもよいので, すべて同じものであってもよい. また, この三条件にはそれぞれ名前がついていて,

1) は反射律

2) は対称律

3) は推移律

と呼ばれる.

この定義はかなり抽象的なのでわかりにくいかもしれない. 特に関係 $\sim$ というのがわかりにくい.「$a \sim b$」と書いたとき,「a は b と $\sim$(という関係)である」という文章だと思ってほしい. 例をいくつか考えてみよう. まずはいちばんなじみのある数学記号である.

例1

集合 S を自然数全体としよう. つまり S の要素は $1, 2, 3, \ldots$ というような正の整数である. この集合に対して, 関係 $\sim$ を等号 $=$ とすると, 定義の 1) から 3) がすべて成り立つことがわかる. つまり

1)　$a=a$

2)　$a=b$ ならば $b=a$

3)　$a=b$ かつ $b=c$ ならば $a=c$

したがって，自然数全体において等号 $=$ は同値関係であることが確かめられる．

つぎはさきほどのクラス分けに関連して，学校のクラスを考えてみよう．

例 2

ある小学校の 1 年生全体を集合 S とする．このとき関係 $\sim$ を，「同じクラスだ」とすると，a, b, c というのは 1 年生の生徒である．

1)　a は a と同じクラスである．

2)　a が b と同じクラスならば，b も a と同じクラスである．

3)　a が b と同じクラスで，b が c と同じクラスならば，a は c と同じクラスである．

ほかにも同じ教室の中で，同値関係が成り立つ例をいろいろと考えてみると面白い．誕生日が同じ，とか年齢が同じなど，日常的に「同じ」と言っている言葉の多くが，この同値関係をみたしていることに気付くだろう．

さて，最初にあげた洗濯物を片付ける場合であるが，集合 S を目の前の 16 枚の洗濯物として，関係 $\sim$ として，同じ種類である，とか，同じ色であるという条件が同値条件の三条件をみたすことはそろそろ確認できるようになっただろう．他にも異なる片付け方があるはずだが，これは読者にお任せすることにする．

同値関係が成り立つ例ばかり考えていると，同値関係というのはいつでも成り立ちそうな気がしてくるので，同値関係が成り立たない例も考えてみよう．

例 3

集合 S を自然数全体とするとき，不等号 $<$ は同値関係にならない．実際に 1) $a<a$ も成り立たないし，2) $a<b$ であるとき，$b<a$ は成り立たない．3)の条件 $a<b$ かつ $b<c$ ならば $a<c$ は成り立つが，3 つの条件をみたす必要があるので，同値関係にはならないのである．

つぎはあまり数学的な感じはしないが，役に立つ事例である．

例 4

集合 S をある小学校のクラスとする．このとき関係 $\sim$ を「a さんは b さんと仲良しだと思っている」

とする．三条件のうち1)はともかく，2)は不幸にも成り立たないこともある．さらに3)はかなり成立しにくい条件である．

この関係はなかなか同値関係にはなりにくいのにもかかわらず，小学校で先生が「好きな人どうしで遠足の班を作りましょう！」という．そうするとうまく班分けできず，悲喜こもごもの状態になってしまう．実は数学的に「分類」できない条件だからなのである．よりよい班分けのためには，上記の同値関係をみたす条件を使えばいいのである．これが数学のメガネの一例であり，数学も少しは生活の役にも立つかもしれないと思っていただけたら幸いである．

ユークリッド幾何学の不変量

ところで，この同値関係は，数学の研究にはどのように役立つのだろうか．今度は幾何学において「同じ図形」として分類される基準をいろいろ見ていこう．幾何学にはいろんな種類があり，分類の基準が変わると「同じ図形」も変わることがわかる．実際にいろいろな幾何学に使われる同値関係と分類について紹介しよう．

いちばん身近な幾何学はやはりユークリッド幾何学だろう．ユークリッド幾何というのは，小学校から高校までに学ぶ幾何学であり，長さや角度を用いて，面積や体積を求める．その「長さ」や「角度」がユークリッド幾何学の**不変量**となる．不変量というのは，具体的な図形を描くための重要な情報である．

例えば，正三角形は，
1) 三辺の長さが等しい三角形
2) 二辺の長さが等しく，その二辺に挟まれた角の大きさが 60 度の三角形
3) ふたつの角度が 60 度の三角形
のいずれかの情報があれば描ける．

位相幾何学の世界

ちょっとなじみのない幾何学かもしれないが，すべてゴムでできていて伸び縮みする図形を考えよう．このとき図形の中に開いている穴の数が不変量となり，数学では**種数**と呼ばれる．この場合，穴の開いていない三角形も正方形も円も同じ図形だとみなせる．この「種数が等しい」ことで分類する幾何学は位相幾何学，あるいはトポロジーという．さらに立体図形で考えると，サイコロのような立方体もボールのような球体も同じであり，位相幾何学の世界ではマグカップとドーナツが同じになってしまうのである．

さて，このような幾何学はいったい何の役に立つのだろう？　数学者っていう人たちは，変なものを考え

るなあと思われるかもしれない．しかし，この位相幾何学を用いた便利なものを私たちはよく利用している．それは鉄道の路線図である．最近は出発地と目的地をスマホに入力すると，乗り換え案内が簡単に得られるので，路線図を見る機会が減ってしまったかもしれないが，駅の切符売り場には今も張り出されている．あの路線図の，駅と駅の間の距離や位置は事実とは異なる．正しいのは駅の順番だけであり，実際の地図を縮めたり伸ばしたりして出来上がっているのだ．

微分幾何学の発想

さて，ここでひとつ問題を出そう．「三角形の内角の和はいつも 180 度か？」そんなこと当たり前だし，小学生でも知っている，と言われそうである．ところがそうではない場合も考える，微分幾何学という幾何学がある．それはアインシュタインの特殊相対性理論に使われた，というと，いやいやそんな宇宙のことなんて私たちには関係ないよと思うかもしれない．ところが，野球場に行くと大勢がかぶっている野球帽を見てみよう．内角の和が 180 度以上の三角形の布が貼り合わさっている．これは飛行機に乗って海外に行くときの飛行ルートである大円コースと同じで，球面の上の最短ルートは大円コースになる．それを一辺として「北極点と赤道上の 2 点」を結ぶ三角形を描くと，北極点から赤道上の点への最短コースは経線と重なり，赤道上の 2 点を結ぶ最短コースは赤道と重なる．このとき経線と赤道は 90 度で交わっているので，三角形のふたつの角が 90 度であり，もうひとつ角があるので，この三角形の内角の和は 180 度よりも大きくなる．

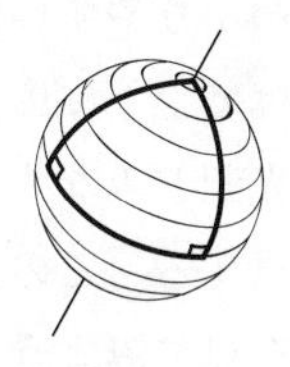

また内角の和が 180 度よりも小さくなる三角形は，馬の背中に乗せる鞍（くら）のような曲面上に描けるが，これは身近に鞍がなかなかないので，図で想像してもらうことにしよう．

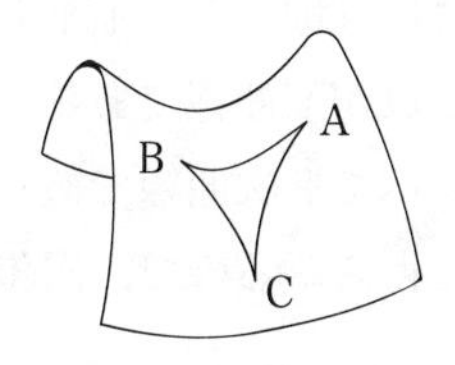

微分幾何学では，この三角形の内角の和が 180 度になるとき，つまり私たちが平面と思っているものを

「曲率ゼロ」と位置づけ，180度よりも大きいものを「正曲率」，小さいものを「負曲率」と分類し，曲面の曲がり具合に注目する．つまり**曲率**が微分幾何学の不変量である．

射影幾何学の不思議

さらにもう少し不思議な幾何学として，射影幾何学を紹介しよう．「射影」という名の通り，ひとつ光源を定めたときにできる影の図形を考える幾何学とも言える．まずいちばんわかりやすい例として，ふたつの円錐を頂点だけつなげて上下に広げた図形を想像してほしい．この頂点を光源とみなすと，上下に光がひろがっているようにも見える．このふたつの円錐を切り取ったときの切り口を見てみよう．まず真横に切り取ると，切り口は円になる．少しだけ斜めに切ると，切り口は楕円になる．さらに円錐の表面と同じ傾きで切ると放物線が出てくる．本当かと疑う場合は，タケノコの水煮を切ってみてほしい．あとひとつ，円錐の中心線と平行に縦に切り取ると，上下の円錐が同じ形に切り取られる．これが双曲線である．このいろいろな切り口の図形はすべて2次曲線であり，ふたつの円錐面の切り口として得られるので，**円錐曲線**とも呼ばれる．

射影幾何学では，ある1点(光源)から無限に広がる図形を考える．実際にはこれは航空写真を作るときに

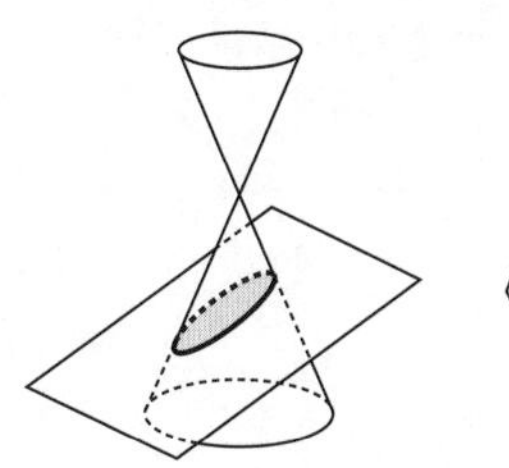
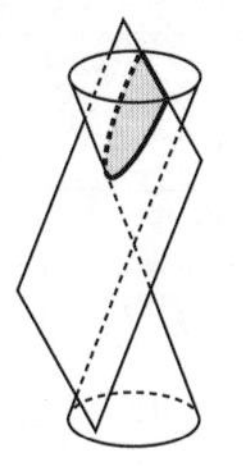
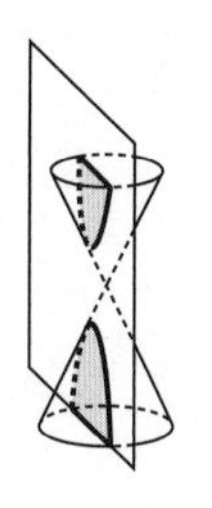

も用いられていて，ある地点から見た航空写真は真下にある平行な線路が遠くへ行くと1点になるように見えるが，反対方向から見るとこんどは反対側が1点に見える．この現象を射影幾何学では平行線は(交わらないと言わず)無限遠点で交わると表現する．この表現は多くの人には受け入れがたいものだと思うが，人工衛星からの撮影などに応用されている．

この章では，「同じ」とみなす基準を設けることで，いろいろなものが分類でき，その応用として「同じ図形」の基準をいろいろ変えると，新しい幾何学(非ユークリッド幾何学)が誕生してきたことを紹介した．この同値関係という数学的概念は，数学のいろんなところで使われていて，数多くある対象の分類や特徴づけに用いられている．

2

集合と論理

——美しい証明のために

数学という学問は，いつからあるのだろう？ 学問として確立する以前に，生活に必要な道具として発達したと思われる．古代エジプトで，毎年のように氾濫するナイル川流域の土地を測量するために幾何学が生まれた．その後，ギリシャ時代には，数学的な性質を記述した定理に論理的な証明をつけるという数学の作法が完成し，ユークリッドは幾何学の基本的な定理の多くを『原論』という本に著した．数学では，この本に書かれているような大昔の定理が今でも有効である．それが可能になるのは，数学で用いている“ことば”が今も昔も変わらないからである．この章では，その文法のような基礎である集合と論理を紹介しよう．ここでいう“ことば”とは日本語や英語という地域特有の言語ではなく，世界共通の数学の“ことば”である．

集合とは何か？

集合

集合とはものの集まりである．数学で扱うときは，何か共通の性質をもつなど定義がはっきりしたものの集まりを考える．またその集合の中に入っているものを集合の**要素**と呼ぶ．**元**(げん)と呼ぶこともある．集合 S の要素 x に対して，「x は集合 S に属す」といい，$x \in S$ と記号で書くこともできる．また「x が集合 S に属さない」ときは，$x \notin S$ と書く．また集合 S に何も要素が入っていないとき，集合Sは空集合であるといい，$S=\emptyset$と書く．

例えば18の正の約数全体の集合Sを考えてみよう．その要素になる数は，$1, 2, 3, 6, 9, 18$であり，$S=\{1, 2, 3, 6, 9, 18\}$のようにカッコ$\{\quad\}$でまとめて書く．また少し異なる書き方として$S=\{x \mid x$は18の正の約数$\}$というように，要素の性質を説明する書き方もできる．

集合の包含関係

ここまではひとつの集合だけに着目したが，集合が2つ以上あるときの関係についても見てみよう．まず2つの集合の名前をAとBとする．このときいろんな可能性が考えられるが，まず「部分集合」という概念を説明する．

1. 集合Aと集合Bが等しいとは，Aの要素とBの要素がすべて一致するときをいう．
2. 集合Aが集合Bを含むとき，BはAの**部分集合**といい，$A \supset B$と書く．
3. 逆に，集合Aが集合Bに含まれるときは，AがBの部分集合であり，$A \subset B$と書く．

このように，含む，含まれるという関係を**包含関係**

という．また以降の図は集合の包含関係を図示したもので**ベン図**と呼ばれる．

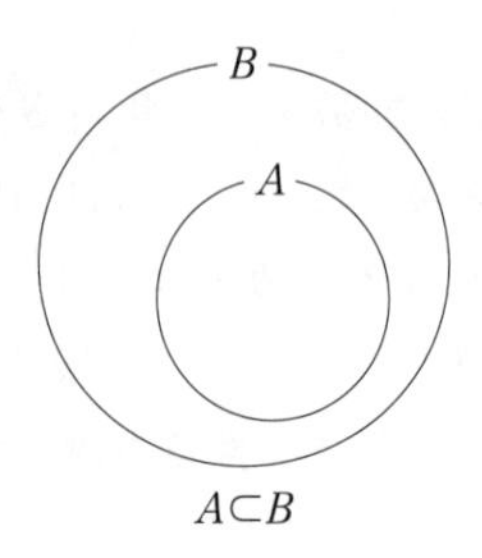

$A \subset B$

例 1

集合 A を 18 の正の約数全体の集合，集合 B を 6 の正の約数全体の集合とすると，$A=\{1, 2, 3, 6, 9, 18\}$，$B=\{1, 2, 3, 6\}$ となり，B の要素はすべて A の要素である．つまり集合 B は集合 A に完全に含まれるので，$A \supset B$ と書ける．

集合どうしの関係

いま，集合の包含関係をみたが，じつはどちらかが片方に完全に含まれるという状況は，比較的少なく，一般には共通な要素があっても，どちらも片方に含まれないことのほうが多い．例えば，$A=\{1, 2, 3, 4, 5\}$，$B=\{1, 3, 5, 7, 9\}$ とすると，包含関係はない．でも共通している要素はある．それを集合 A と集合 B の**共通部分**と呼び $A \cap B$ で表す．つまりこの場合，

$$A \cap B = \{1, 3, 5\}$$

となる．一般に

$$A \cap B = \{x \mid x \in A \text{ かつ } x \in B\}$$

と書ける．

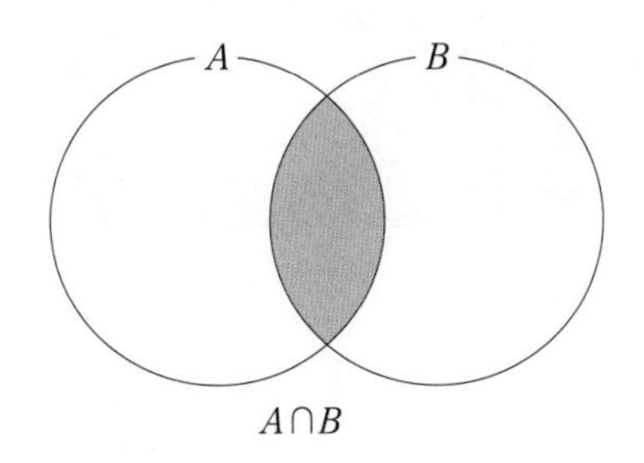

$A \cap B$

他に A か B のいずれかに入っている要素を全部考えたいときは，集合 A と集合 B の**和集合**を考える．記号を用いると $A \cup B = \{x \mid x \in A \text{ または } x \in B\}$ と書ける．先の例では $A \cup B = \{1, 2, 3, 4, 5, 7, 9\}$ となるわけである．

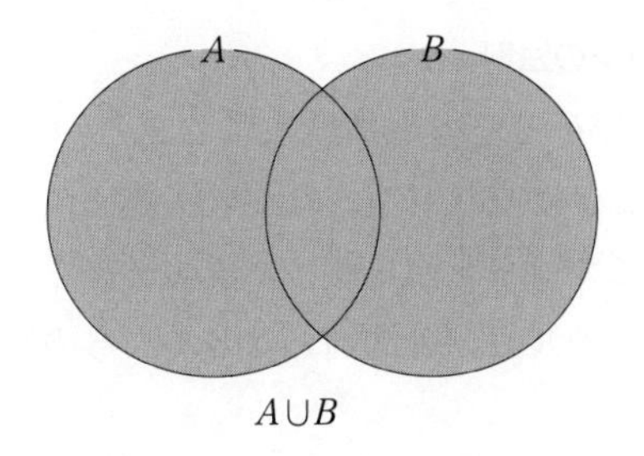

$A \cup B$

もう1つ大事な概念として補集合というものがある．何か大きな全体の集合 U の中に，集合 A が含まれているとき，集合 A の**補集合**は U に入っていて A に属していない要素を集めた集合であり，$\overline{A}$ で表す．

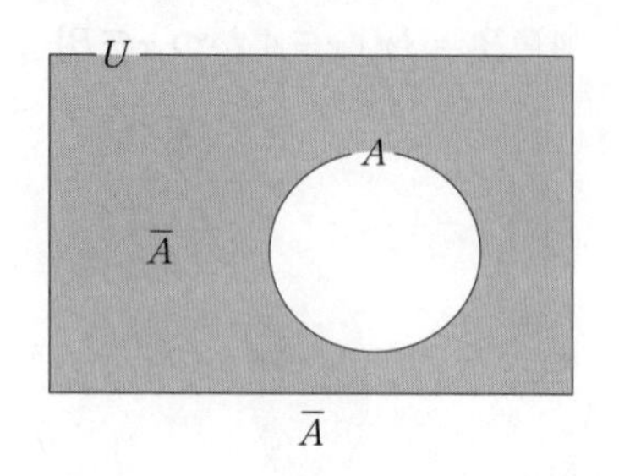

$\overline{A}$

例 2

全体集合 U を 1 から 10 までの自然数全体の集合として，A を 1 から 10 までの偶数全体の集合とする．つまり $U=\{1, 2, 3, 4, 5, 6, 7, 8, 9, 10\}$ で，$A=\{2, 4, 6, 8, 10\}$ となる．このとき $\overline{A}=\{1, 3, 5, 7, 9\}$ となる．つまり 1 から 10 までの奇数全体の集合である．

ド・モルガンの法則

全体集合 U とその中に含まれるふたつの集合 A と B があるときに成り立つふたつの法則について説明しよう．ここではベン図を使った説明を書くことにする．まずはド・モルガンの法則とはどんなものか述べよう．

定理（ド・モルガンの法則）
全体集合 U とその中に含まれるふたつの集合 A

とBに対して次が成り立つ.

(1)　$\overline{A \cup B} = \overline{A} \cap \overline{B}$

(2)　$\overline{A \cap B} = \overline{A} \cup \overline{B}$

ベン図を用いた証明(図で説明する方法)では可能な限り，おこりうる状況を想定しないといけない．証明の最初に考えるべき状況として，集合Aと集合Bの関係がある.

(a)　$A \cap B = \phi$，共通部分がない場合

(b)　$A \cap B \neq \phi$かつ$A \supset B$でも$A \subset B$でもない場合

(c)　$A \supset B$または$A \subset B$，つまりどちらかがもう一方の部分集合になっている場合

数学では，証明を考えるときに，この「すべての起こりうる条件」を正しく挙げることが必要不可欠である．もし見落としているものがあって，そこでは成り立たないとなると，その証明は正しくないことになる.

ではベン図を用いて，順番に見ていこう.

(1)の証明：左辺はAとBの和集合の補集合であり，右辺はAの補集合とBの補集合の共通部分であるので，それぞれが同じ部分になることを見ていこう.

(a)の場合，AとBは共通部分を持たないので，AとBの和集合は，AとBの円の中である．その補集合はAにもBにも入っていない部分である．すな

わち，それはAの補集合とBの補集合の共通部分である．

(b) の場合，AとBの和集合は21ページの図の雪だるまのような部分である．その補集合は雪だるまの周りである．一方Aの補集合とBの補集合の共通部分も雪だるまの外側になる．

(c) の場合，ここでは$A \supset B$の場合だけ考える．もう一方はAとBを書き換えるだけで証明できるので省略する．

AとBの和集合は，Aであるので，その補集合はAを除いた部分である．一方Aの補集合とBの補集合の共通部分もAの補集合となる．

以上で，(1) はすべて証明できた．

(2) の証明も (1) と同様にできる．数学で“同様に”というのは，まったく同じではなく，条件はそれぞれ異なるので，その条件を加味して同じようにできるという意味である．

(a) の場合，AとBの共通部分はないので，その補集合は全体集合Uである．一方Aの補集合とBの補集合の和集合も全体集合Uになる．

(b) の場合，AとBの共通部分は21ページの図の真ん中の笹かまぼこのような細い部分であり，その補集合は笹かまぼこ以外の部分である．そこはAの補集合とBの補集合の和集合である．

(c)の場合，$A \supset B$とすると，AとBの共通部分は集合Bであり，その補集合はBの補集合である．またAの補集合とBの補集合の和集合はBの補集合になることもわかる．（証明終）

以上が，ド・モルガンの法則の証明である．証明の終わりには（証明終）あるいはQ.E.D.と書く．Q.E.D.というのは，ラテン語のQuod Erat Demonstrandumの略であり，「以上，証明終わり」という意味で「これ以上最高のものはない」という意味も込められている．数学の専門書や論文では証明終わりの記号である□が書いてあることも多い．

以上の証明は，実際に，目の前で黒板などを用いて図示したほうがわかりやすいと思うが，ここでは読者が手を動かしてベン図のいろいろな部分を眺めて納得してほしい．

さて，数学的な証明も見てみよう．ここではある証明方法を用いる．それは数学でよく用いる証明方法のひとつである．ある集合Xとある集合Yが等しいことを証明するときに，$X=Y$を直接証明するのではなく，「$X \supset Y$かつ$X \subset Y$」を証明するという方法である．なんとなく気持ち悪いと感じる人でも，「$X \supseteq Y$かつ$X \subseteq Y$」なら納得できるかもしれない．

それでは，集合の記号になれるための演習問題を出しておこう．具体的にベン図を描いて確認することをお勧めする．

演習問題

$A=\{x\,|\,x$ は 1 以上 20 以下の 2 の倍数$\}$,

$B=\{y\,|\,y$ は 1 以上 20 以下の 3 の倍数$\}$

とするとき，次の集合の要素をすべて求めてみよう．ただし，全体集合は

$U=\{z\,|\,z$ は 1 以上 20 以下の整数$\}$

とする．

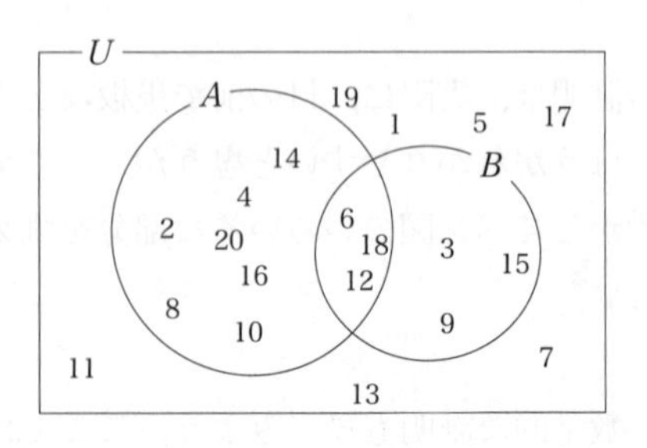

(1)　$A=\{2, 4, 6, 8, 10, 12, 14, 16, 18, 20\}$

(2)　$B=\{3, 6, 9, 12, 15, 18\}$

(3)　$\overline{A}=\{1, 3, 5, 7, 9, 11, 13, 15, 17, 19\}$

(4)　$\overline{B}=\{1, 2, 4, 5, 7, 8, 10, 11, 13, 14, 16, 17, 19, 20\}$

(5)　$A\cap B=\{6, 12, 18\}$

(6)　$A \cup B = \{2, 3, 4, 6, 8, 9, 10, 12, 14, 15, 16, 18, 20\}$

(7)　$A \cup \overline{B} = \{1, 2, 4, 5, 6, 7, 8, 10, 11, 12, 13, 14, 16, 17, 18, 19, 20\}$

(8)　$\overline{A \cap B} = \{1, 2, 3, 4, 5, 7, 8, 9, 10, 11, 13, 14, 15, 16, 17, 19, 20\}$

(9)　$\overline{A} \cup \overline{B} = \overline{A \cap B}$

(10)　$A \cap \overline{A} = \emptyset$

(11)　$B \cup \overline{B} = U$

(12)　$A \cap \emptyset = \emptyset$

(13)　$B \cup \emptyset = B$

簡単な論理学

論理

数学では，最初に必要な用語を定義し，その定義を使っていろいろな性質を調べる．そしていつも成り立ちそうな性質を見つけたときは，証明をつける．証明は誰が見てもわかるように論理的に書く．証明が完成すれば，その性質は定理になる．また成り立たない例がひとつでもあるときは，それを反例と呼び，その性質は定理にならない．

先の「集合」という概念は，議論したい対象を「数学的なモデル」にするときに必要になる．そして，その性質について議論するときの論理的な考え方は，論理学としても確立しているが，数学の作法のようなものである．その本当に基本的な部分だけここで紹介しよう．またこの論理を身に付けると，いわゆるロジカルシンキング，つまり論理的な議論にも強くなれるし，さまざまな条件が複雑に絡んでいる事態を正確に把握することもできるようになるはずである．

命題

命題というのは，数学的に正しいかどうか判断できる主張のことである．またその命題が正しいとき「命題は真である」といい，正しくないときは「命題は偽である」という．

例 1　「7 は素数である」という命題は真である．

例 2　「数 -3 について，$\sqrt{(-3)^2}$ は -3 である」は偽である．命題が偽であるときは反例があげられる．今の場合，$\sqrt{(-3)^2}$ は 3 である．

このような「X は Y である」という条件が成立するためには，X となりうるものの集合（全体集合）をはっきり定め，Y であるという条件も必要である．

例として数の世界を考えてみよう．まず，全体集合を実数全体とする．この中に $1, 2, 3, \ldots$ と続く 1 以上の自然数全体の集合を考える．それを含む集合として，整数全体の集合がある．さらに整数を整数で割った 1/2, 5/6 のような分数も含めた有理数全体の集合が整数全体の集合を含む．全体集合の中で有理数全体の集合の補集合を考えると，それらは無理数と呼ばれる数全体の集合となり，ベン図では下の図のように表せる．

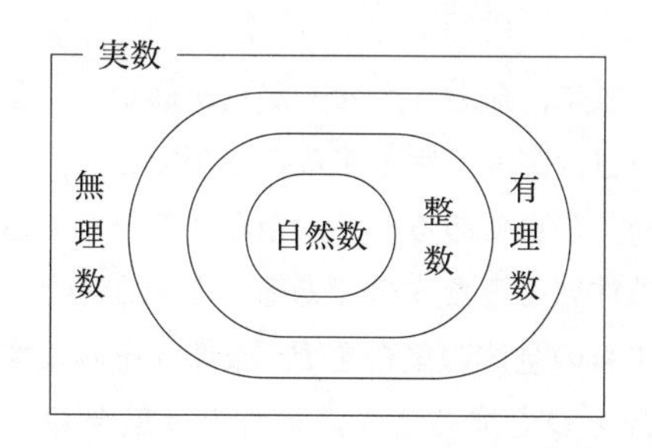

つまりこの数の世界のベン図で，「実数 x は整数である」という条件をみたす x がどこにあるのかはっきりする．この集合のベン図を用いて，一般の命題「条件 p ならば条件 q」について説明する．ただしいちいち条件と書くのは煩わしいので，命題「$p \Rightarrow q$」と書くことにする．このとき条件 p は**仮定**と呼び，条件 q は**結論**と呼ぶ．

命題「$p \Rightarrow q$」が真になるとはどういうことかを考えてみよう．

「実数 x が自然数なら，x は整数である」という命題が正しいことはすぐにわかるだろう．このとき先のベン図を見ると，自然数の集合は，整数の集合に完全に含まれている．また，「実数 x が整数なら，x は自然数である」は反例があり，この命題は偽である．たとえば $x=-3$ とすると，整数だが自然数ではないものが存在することがわかる．このとき整数全体の集合は自然数全体の集合に含まれていない．

より一般に，命題「$p \Rightarrow q$」が真か偽かは，条件 p と条件 q の包含関係で判定することができる．つまり命題「$p \Rightarrow q$」が真であるとき，条件 p をみたすものはすべて，条件 q をみたすのである．したがって，条件 p をみたすもの全体の集合を P，条件 q をみたすもの全体の集合を Q とするとき，集合 P は集合 Q に完全に含まれるのである．

命題「$p \Rightarrow q$」が真のとき，p は q であるための**十分条件**といい，q は p であるための**必要条件**という．さらに「$q \Rightarrow p$」が成り立つときは，p と q は**同値**といい，互いに他の**必要十分条件**となる．このときは「$p \Leftrightarrow q$」と書くこともある．

演習問題
n を自然数とするとき，命題「n が素数ならば，n は奇数である．」が偽であることを示せ．

偽であることを示すためには，反例をあげればよい．実際，偶数である素数2が存在する．（証明終）

命題の中の条件をいろいろ変えることもできる．その変え方を集合のベン図を用いて説明する．

1. 否定．「条件aをみたさないもの」をaの否定といい，$\overline{a}$で表す．これは集合として考えると条件aをみたすもの全体の集合Aの補集合$\overline{A}$である．例えば，実数全体の中で，有理数でないものは無理数である．
2. 2つ以上の条件を同時にみたす「aかつb」は条件aをみたすもの全体の集合Aと条件bをみたすもの全体の集合Bの共通部分$A \cap B$である．例えば，持っている洋服の中でTシャツであり，赤い服という条件をみたすものは，赤いTシャツである．
3. 2つの条件のどちらかをみたす「aまたはb」は，条件aをみたすもの全体の集合Aと条件bをみたすもの全体の集合Bの和集合$A \cup B$である．例えば，「トマトかキュウリを買ってきて！」と買い物を頼まれたときは「トマトだけ」でもいいし，「キュウリだけ」でもいいし，「トマトとキュウリ両方」でもいいのである．

この他にも，先に示したド・モルガンの法則も役に立つ．

4.　(1) $\overline{A \cup B} = \overline{A} \cap \overline{B}$ は，「“a または b” の否定」は，「“a の否定” と “b の否定” の共通部分」である．これも具体例を考えよう．条件 a は5月，条件 b は日曜日とすると，この条件をみたすのは，5月以外の平日となる．

(2) $\overline{A \cap B} = \overline{A} \cup \overline{B}$ は，「“a かつ b” の否定」は「“a の否定” と “b の否定” の和集合」である．“5月かつ日曜日” ではない日程は，5月以外か平日のいずれかとなる．

ここでちょっと難しめの問題を出そう．

演習問題

x, y を実数とするとき，次の条件の否定を述べよ．

① x, y の少なくとも一方は有理数である．

② x, y はともに有理数である．

これはじっくり考えてみてほしいので，答えはここに書かないことにする．

次に命題「$p \Rightarrow q$」の逆，裏，対偶を使うと別の命題が得られるので，それを紹介しよう．まずその逆，裏，対偶とは何かを説明する．

1. **逆**は仮定と結論の入れ替えである．「$p \Rightarrow q$」の逆は「$q \Rightarrow p$」である．
2. **裏**は仮定と結論双方を否定したものである．「$p \Rightarrow q$」の裏は「$\overline{p} \Rightarrow \overline{q}$」である．
3. **対偶**は，逆と裏を同時に行ったものであり，「$p \Rightarrow q$」の対偶は「$\overline{q} \Rightarrow \overline{p}$」である．

ちなみに「$p \Rightarrow q$」が真のとき，逆と裏の命題は真とは限らないが，対偶の命題は真である．また裏の裏，逆の逆はもとの命題である．

証明方法

さて，ここまで集合という概念と，集合を用いた命題の論理を説明したが，本章のタイトルにもある証明方法を紹介する．ここではできるだけ具体的な数学の証明を付けて解説し，数学の証明の中で，ここまでみた論理がどのように生かされているか確かめてほしい．

まず，「$p \Rightarrow q$」が偽であることの証明は，すでに述べたが，1つでいいので成り立たない例(反例)を挙げればよい．

ここからは，すべて「$p \Rightarrow q$」が真であることの証明について述べる．

① p という仮定から q という結論が導かれる場合は，そのまま証明すればよい．

② 対偶を示す．先に述べたようにもとの命題が真であるとき，対偶の命題も真であるので，そのことを用いて証明する例を挙げよう．

例題 1 n を整数とするとき，n^2 が偶数ならば，n も偶数であることを示せ．

［証明］

この命題の対偶は「n が奇数ならば n^2 は奇数」であるので，これを示そう．

n が奇数であることより，ある整数 k を用いて，

$$n = 2k+1$$

と表され，

$$n^2 = (2k+1)^2 = 4k^2+4k+1 = 2(2k^2+2k)+1$$

が成り立つ．いま k が整数なので $(2k^2+2k)$ も整数であるから，n^2 は奇数である．よって n^2 が偶数ならば，n も偶数である．（証明終）

もとの命題をそのまま証明するのではなく，対偶を証明すると，まったく異なることを証明しているような気持ちがするかもしれないが，そのまま証明できないときにとても便利な証明方法なのである．

③ 背理法．この名前は聞いたことはあるかもしれない．仮定を否定すると矛盾が生じることを示す証明方法である．

ここでも例を見てみよう．

例題2
素数は無限に存在することを示せ．
(注)素数というのは，1と自分自身でしか割れない自然数である．

[証明]

素数が有限個しかないとする．そのすべての素数の積をaとおくと，数$a+1$はどの素数で割っても1余ることになり，1以外の自然数であって，素数の積に分解できないものが存在することになる．

つまりaよりも大きい素数が存在することになり，矛盾．(証明終)

次も背理法を使う証明方法が有名な例である．

例題3
$\sqrt{2}$ が無理数であることを示せ．無理数とは有理数ではない実数である．

［証明］

$\sqrt{2}$ が有理数だとすると，分数で書ける．つまり，$\sqrt{2}=b/a$，ただし a, b は互いに素（そ）な正の整数，と表せる．互いに素とは，1以外の公約数を持たないことである．

このとき，両辺を2乗して分数を払うと $2a^2=b^2$ となる．例題1より，b^2 が偶数ならば，b も偶数となり，左辺の $2a^2$ は4の倍数となる．したがって a^2 も偶数となり，a も偶数となる．ところがこれは，a と b が互いに素であることに矛盾する．よって $\sqrt{2}$ は無理数である．（証明終）

3

対称性の美学
——群論入門

プラトンの正多面体

ギリシャのピタゴラス(紀元前582-紀元前496)は多くの結果を残している．いちばん有名な「ピタゴラスの定理」は，直角三角形の三辺の関係式である．直角を挟む二辺の長さをそれぞれ a, b，斜辺の長さを c とすると $a^2+b^2=c^2$ が成り立つ．ほかにも「$\sqrt{2}$ が無理数であること」「三角形の内角の和が180度であること」なども証明した．また正多面体の分類もした．正多面体とは，すべての面が同じ形(正三角形，正方形，正五角形)をした多面体であり，全部で5種類ある．

プラトン(紀元前427-紀元前347)はこの分類に哲学的な意味も持たせた．宇宙は地水火風の四大元素から成り立っているという四元素説に基づくことを哲学書『ティマイオス』に示し，正多面体が5つに分類されることに神秘を感じ，正四面体は火，正六面体(立方体)は地，正八面体は風，正十二面体は神聖なエーテルに対応すると考えた．さらに正二十面体には水を対応させた．このことにより，正多面体はプラトンの正多面体と呼ばれることもある．

また，この正多面体の概念を拡張したものとして多種の正 n 角形からなる対称性多面体の分類については現在でも研究されており，2014年にカリフォルニア大学のスタン・シェインが新しい対称性多面体を

400 年ぶりに発見した．その多面体は治療方法が確立されていない新種のインフルエンザウイルスの構造と同じではないかと言われており，その構造がわかったことで治療への応用も期待されているらしい．この本を執筆している現在，世界中で猛威をふるっている新型コロナウイルスによる感染症の治療方法の確立にも数学が役立つ日が来るかもしれない．

頭の体操

さて，そんな多面体の話に入る前に，簡単な頭の体操をしよう．正三角形をいろいろ動かしてもとの位置に戻す方法はどのくらいあるか考えてみてほしい．

頂点に A, B, C と名前を付けて，動かす前と動かした後だけに注目して，途中はどこにあったかは気にしないことにする．そうすると，回転することでまた同じ三角形に戻せることがわかる．例えば，120 度回転すると，頂点は A, B, C がそれぞれ頂点 C, A, B に変わるが，三角形自体は他にも 240 度回転もある．360 度，480 度とたくさんある．それらを数学的にうまく整理

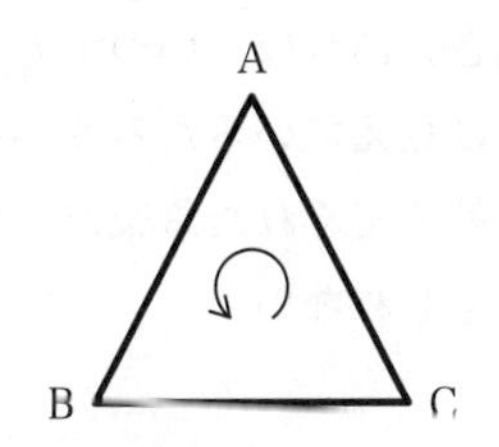

して考えるにはどうしたらいいか．そのよい答えを与えてくれるのが群(ぐん)である．

群は現代の代数学には欠かせない基本的な概念であり，大学の数学科の専門科目で学ぶ抽象代数学の最初の部分である．また群を用いると，いろいろな幾何学的な対称性がうまく説明できる．この章では群が対称性を表す便利な道具であることを実感することを目標にする．もっと本格的に群を勉強したい人には「群論」というタイトルの付いた本をお勧めする．

群の誕生

群という概念はアーベル(1802-1829)やガロア(1811-1832)という数学者の研究から生まれた．彼らは方程式を解く問題をひとつひとつの方程式を解くという方法ではなく，一般的にどう解くか，つまり一般の解法を考えていた．読者も中学生のころに2次方程式をたくさん解いて，その後に2次方程式の解の公式が出てきて，それに当てはめるだけで解けるようになった経験があるだろう．どんな公式だったかは思い出せなくても，解の公式さえあれば，いつでも2次方程式が解けてしまうことは覚えているだろう．それなら，最初から解の公式を教えてくれたら楽だったのに，と思った読者もいるかもしれない．

数学者の研究もこのステップと同じ段階を踏んできた．つまり，最初はいろんな2次方程式を解いてみる．因数分解をするとうまく行く！と思ったけれど，因数分解がうまくできないときも出てくる．そこで複素数というものを考えると，どんな場合でも解が得られる解の公式が得られた．というような具合だ．これはどんな数学の研究でも同じで，いろいろな例を計算しているときに，何か法則を見つけることがある．そして，どんな例でも成り立ちそうな共通の性質がいつも成り立つ！と証明できると，定理とか公式と呼ばれる．それ以降はその公式を使えば，面倒な計算をしなくてもよくなる．数学者の場合は，その結果を論文という形で発表し，ほかの人にも見てもらう．もしかしたら同じ公式を先に見つけている人がいるかもしれない．そのときは残念だが，先に見つけた人の結果であり，自分の結果にはならない．

ところで，ガロアやアーベルは，どんな時代に生き，どんなことを考えたのだろうか．二人とも二十代でこの世を去っており，その名が今も数学の業績の中に残っているということはすごいことである．二十代で後世に名を残すような仕事なんてなかなかできない．アーベルはノルウェーの数学者である．方程式の解法を一般的に扱う方法を考え，「5次方程式が代数的に解けないことがあること」に関する論文を書いた．ガロアはフランスでアーベルの結果を受けて，それをさらに抽象代数を用いて議論することを試みた．ガロアの数学の研究に関しては，いくつかの不運が重なった．論文が紛失されてしまったり，理解してもらえなかったりして，なかなか出版されなかった．ガロアの第一論文といわれる論文は，それまでの具体的な計算をする数学とは異なるタイプの抽象代数を用いた数学で，多くの人には難解であった．決闘の前夜に書かれた友人シュバリエへの手紙として残されたガロアの遺書に，彼の考えていた数学が残されていた．その考えをもとに発展したものが今日のガロア理論である．ガロア理論は，代数方程式の解を抽象代数で調べる理論であり，現在，ほとんどの数学科で学ぶ現代代数学のひとつである．また，ガロアが成人した頃のフランスは，革命の時期であり，世の中は混乱していた．当時，ガロアは数学の研究をしていただけではなく，革命にも参加し，投獄もされているのである．そしてある女性をめぐっての決闘で命を落とした．なんと太くて短い人生なのだろう．そんなガロアについての伝記もたくさん書かれている．

シュバリエへの手紙に書かれていた問題は「方程式 $f(x)=a_nx^n+a_{n-1}x^{n-1}+\cdots+a_0=0$ が解けるための必要十分条件」である．

n が一般の場合は複雑だが，$n=2$ の場合，つまり 2

次方程式の場合，解の公式が存在するので，解を複素数まで許すといつでも解ける．3次方程式や4次方程式も解の公式が求まり，方程式を解くことができる．しかし5次以上になると異なる状況が起きるというのがアーベルの発見であり，ガロアが考えた群が役に立つ理論なのである．

群の話に入る前に，少々方程式について考え，アーベルやガロアが考えた問題を身近に感じよう．

まず2次方程式

$$ax^2+bx+c=0 \qquad \cdots①$$

を解いてみよう．この式の左辺を因数分解して，$a(x-\alpha)(x-\beta)$ となるとき，この2次方程式は

$$a(x-\alpha)(x-\beta)=0 \qquad \cdots②$$

となり，その解は $x=\alpha, \beta$ の2つである．①から②への式変形を因数分解，②から①への式変形を展開とよび，いずれの式も同じことを意味している．

つまり，$a(x-\alpha)(x-\beta)=0$ という式は，

$$a\{x^2-(\alpha+\beta)x+\alpha\beta\}=0$$

と同値である．

さらにカッコを外すと，

$$ax^2-a(\alpha+\beta)x+a\alpha\beta=0$$

となり，これが①と同じ式になるので，各項の係数を見比べると，

$$\begin{cases} \alpha+\beta = -\dfrac{b}{a} \\ \alpha\beta = \dfrac{c}{a} \end{cases} \quad \cdots(*)$$

が成り立つ．つまり方程式が二つの解の和や積で書け，これを2次方程式の**解と係数の関係**という．この式の左辺 $\alpha+\beta$ と $\alpha\beta$ は α と β を入れ替えても同じ式になる対称な式であることに注意しておく．これらはそれぞれ1次，2次の**基本対称式**と呼ばれる．

さらに2次方程式の解を求めるにはどうしたらよいか．解の公式を使えばいい！と言われるかもしれないが，それはどうやって出てくるのだろうか？ そこを考えるのが数学なので，地道に解の公式が出てくるまでを見ていこう．

$ax^2+bx+c=0 \quad \cdots①$

$\Leftrightarrow \quad a\left(x^2+\dfrac{b}{a}x\right)+c=0$ （最初の2項をまとめた）

$\Leftrightarrow \quad a\left\{\left(x^2+\dfrac{b}{a}x+\dfrac{b^2}{4a^2}\right)-\dfrac{b^2}{4a^2}\right\}+c=0$

$\Leftrightarrow \quad a\left\{\left(x+\dfrac{b}{2a}\right)^2-\dfrac{b^2}{4a^2}\right\}+c=0$

$\Leftrightarrow \quad a\left(x+\dfrac{b}{2a}\right)^2-\dfrac{b^2}{4a}+c=0$ （平方完成により二乗の項と定数項だけにした）

$$\Leftrightarrow \quad a\left(x+\frac{b}{2a}\right)^2=\frac{b^2}{4a}-c$$ （定数項を右辺に移項した）

$$\Leftrightarrow \quad a\left(x+\frac{b}{2a}\right)^2=\frac{b^2-4ac}{4a}$$

$$\Leftrightarrow \quad \left(x+\frac{b}{2a}\right)^2=\frac{b^2-4ac}{4a^2} \quad \cdots ③$$

$$\Leftrightarrow \quad x+\frac{b}{2a}=\pm\sqrt{\frac{b^2-4ac}{4a^2}}$$

$$\Leftrightarrow \quad x+\frac{b}{2a}=\pm\frac{\sqrt{b^2-4ac}}{2a}$$

$$\Leftrightarrow \quad x=\frac{-b\pm\sqrt{b^2-4ac}}{2a}$$ （2 次方程式の解の公式）

このように，もとの 2 次方程式を平方完成して，二乗の項と定数項に分け(③)，そこから解の公式が得られるのである．

それでは次に 3 次方程式の場合を見てみよう．こんどは最初の方程式は

$$ax^3+bx^2+cx+d=0 \qquad \cdots ④$$

となる．この方程式の解を α, β, γ とすると，④の式は

$$a(x-\alpha)(x-\beta)(x-\gamma)=0 \qquad \cdots ⑤$$

と同値になる．これも 2 次方程式と同様に④を因数分解すると⑤になり，⑤を展開すると④になる．また⑤

の式を具体的に展開すると

$$ax^3-a(\alpha+\beta+\gamma)x^2+a(\alpha\beta+\beta\gamma+\gamma\alpha)x-a\alpha\beta\gamma = 0$$

となる．これが④と等しいことから

$$\begin{cases} \alpha+\beta+\gamma = -\dfrac{b}{a} \\ \alpha\beta+\beta\gamma+\gamma\alpha = \dfrac{c}{a} \\ \alpha\beta\gamma = -\dfrac{d}{a} \end{cases} \qquad \cdots(**)$$

となり，3次方程式の場合も方程式の係数は3つの解 α, β, γ の基本対称式で表される．

2次方程式のときは(*)のように，方程式の係数が，2つの解 α と β の1次と2次の基本対称式で書けて，3次方程式のときは(**)のように方程式の係数が3つの解 α と β と γ の1次，2次，3次の対称式で書ける．この関係式は n 次方程式とその n 個の解に対してもいつも成り立つ．また3次方程式も2次方程式のように解の公式が得られる．3次の場合は少し複雑になるので割愛するが，3次方程式の場合も基本的には式変形で得られる．また4次方程式の解の公式も一般的な形で得られる．ところが5次以上は代数的に解けないことがある．それがどんなときかを知りたくて，アーベルはその事実を証明し，ガロアは方程式の解の対称性を記述する方法として群を考えたのである．

さて，この章の最初に述べた対称性について考えてみよう．ここでは幾何学的な対称性に着目する．「対称性を持つ」とは，ある操作で，はじめと同じ状態になることをいう．そのような操作を**合同変換**と呼ぶ．なじみのある言葉で言い換えると，線対称，点対称，回転，鏡映などが合同変換である．

ガロアは代数方程式を解くために群という概念を導入したが，クライン(1849-1925)は群という代数的な概念を使うと，幾何学的な対称性がより明確に説明できることを発見し，様々な群の分類を研究する際にも幾何学的な対応も考えた．

群の定義

さて，そろそろ群の定義を述べることにしよう．

> 定義
> **群**とは次の公理をみたす集合 G である．ただし G の要素のことを，ここでは**元**(げん)と呼ぶことにする．

群の公理は次の(1)から(4)である．

(1) 集合 G は演算 $*$ について閉じている．

(2) G の任意の元 $x, y, z \in G$ に対して，

$$(x*y)*z = x*(y*z)$$

が成り立つ．（結合法則）

(3) 任意の元 x に対して，$e*x=x*e=x$ が成り立つような単位元 e が存在する．

(4) 各元 x に対して，$y*x=x*y=e$ が成り立つような逆元 y が G の中に存在する．この y を x^{-1} と書くこともある．

単位元，逆元というのは，聞きなれない言葉かもしれないが，のちに示す例で自然に受け入れられるだろう．その前に，もう少しだけ用語を定義しておく．

定義
群 G の元の個数が有限個のとき，G を**有限群**といい，その個数を群 G の**位数**とよぶ．また元の個数が無限個のときは，G を**無限群**という．

では，いくつか群の例を挙げよう．まずは無限群の例から考える．

例 1　加法群

G を整数全体の集合とし，演算 $*$ は加法（足し算）とするとき，G は群になる．この群の単位元 e は 0 であり，任意の元 x の逆元は $-x$ である．このとき G の元の個数は無限個あるので無限群である．これ以外にも，有理数全体，実数全体，複素数全体も演算 $*$ を加法とすると，群になり，単位元，逆元も同様に定まる．

例 2　乗法群

G を有理数全体から 0 を除いた集合とし，演算 $*$ を乗法(かけ算)とすると，G は群になる．単位元 e は 1 で，任意の元 x の逆元は x の逆数 $\frac{1}{x}$ である．これも元の個数が無限にあるので，無限群である．また実数全体から 0 を除いた集合や，複素数全体から 0 を除いた集合も，演算 $*$ を乗法にすると群になる．

例 3　線型群

この例は，次章の線形代数に登場する行列からなる集合であるので，定義など詳しいことは次章で説明するが，紹介だけしておく．

G を行列式が 0 でない二行二列の行列全体とし，演算 $*$ を行列の積とすると，G は群になる．単位元 e は単位行列 $\begin{pmatrix} 1 & 0 \\ 0 & 1 \end{pmatrix}$ であり，行列 $A=\begin{pmatrix} a & b \\ c & d \end{pmatrix}$ の逆元は A の逆行列 $\frac{1}{ad-bc}\begin{pmatrix} d & -b \\ -c & a \end{pmatrix}$ である．

ここで見たように，単位元というのは足したりかけたりしても変わらない元や単位行列の一般化であり，逆元は逆数や逆行列というものの一般化である．

では次に有限群の例を見てみよう．ここでは2つの幾何学的な群を紹介する．

例 4　*n* 次巡回群

まず，この章の冒頭で述べた正三角形の場合を考えよう．平面上にある正三角形を自分自身に重ねる動かし方は実は3通りしかない．120度回転，240度回転，と何も動かさないという方法である．何も動かさないというのは，0度回転と思ってもよいし，360度回転でも，720度回転でもよいが，すべて最初と全く同じ状態になるので，この操作が単位元である．また120度回転の逆元は－120度回転，つまり240度回転であり，240度回転の逆元は120度回転である．さらに単位元の逆元は単位元である．これを図に描くと次のようになる．

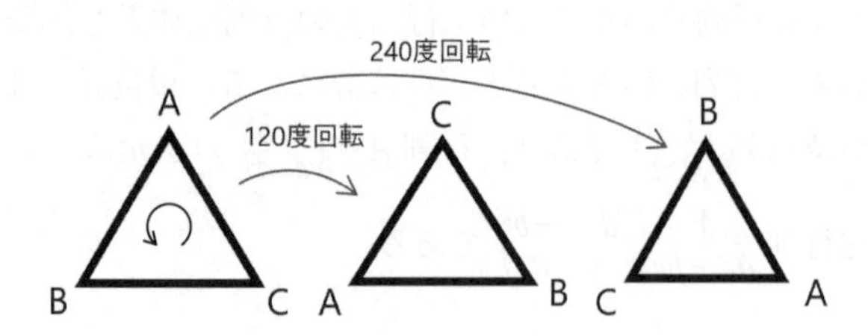

さらに，正 n 角形の場合は，$\dfrac{360}{n}$ 度の回転の k 倍 $(k=1, 2, 3, \ldots, n)$ が正 n 角形の合同変換であり，全部で n の合同変換がある．単位元は0度回転で，α 度の回転の逆元は $360-\alpha$ 度の回転であり，これも群になる．

このような群を n 次の巡回群，n を位数とよぶ．

例 5　n 次の二面体群

例 4 では，平面上の正 n 角形の合同変換を考えたが，これが空間内で動かしてもよいとすると少し事情が変わってくる．正 n 角形の板を動かしていると考えると，裏返すことができるのである．したがって，例 4 の n 個の合同変換のほかに，それぞれを裏返す操作も合同変換になるので，全部で $2n$ 個の合同変換が得られ，これもまた群になる．この例に関しても，正三角形の場合の図を描いておこう．正三角形の場合，その合同変換は全部で 6 つあるので，3 次の二面体群の位数は 6 である．

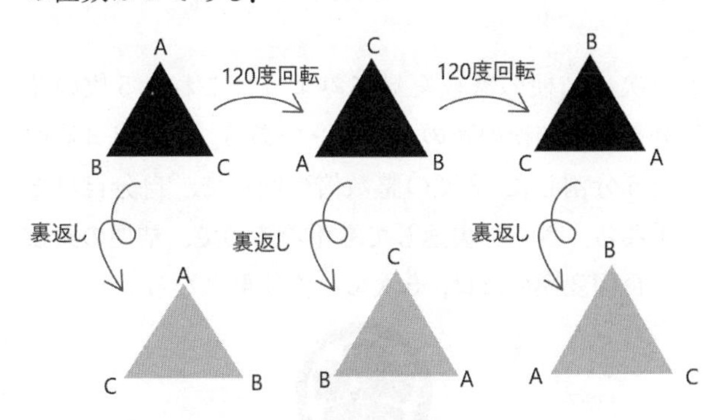

家紋の合同変換

いま紹介した巡回群と二面体群が出てくる「家紋の合同変換」を考えてみる．家紋の種類は多いが，合同変換の群で分類してみよう．まず，簡単な例から見てみよう．

1. 三つ巴(みつどもえ)というよく太鼓の真ん中についている家紋は，三方向に勾玉(まがたま)のような形がある．この家紋の合同変換は，さきほどの平面上の正三角形と同じ，3次の巡回群である．0度，120度，240度の回転で自分自身と重なる．またこの家紋は裏返すことはできない．

三つ巴

2. 次に桔梗(ききょう)の家紋を見てみよう．これは5枚の花弁をもつ桔梗の花のデザインである．これは360度を5分割した72度の整数倍の回転で，自分自身と重なる．さらに裏返しても重なるので，桔梗の家紋の合同変換の群は，5次の二面体群になる．

桔梗

このように家紋の文様を見て，その合同変換の群を考えると，ほとんどの場合，巡回群や二面体群になることがわかる．次はどうだろうか．

演習問題

次の 4 つの家紋の合同変換の群を求めよ．

左から，①菊，②花菱（はなびし），③桐，④違い枡（ます）に桔梗

少し難しかったかもしれないが，答えは以下のようになる．

① 16 次の二面体群

② 2 次の二面体群

③ 2 次の巡回群

④ 単位元のみからなる単位群

③は回転できず，裏返しだけなので二面体群にはならない．裏返しは 2 回施すと元に戻るので，2 次の巡回群になる．また特に④は難しかっただろう．一見とてもバランスが良く対称性がありそうだが，実は桔梗は 5 枚の花弁で，周りの枡は正方形である．しかも違

い枡の名の通り，ふたつの枡が組み合わさっていて，この形は裏返すこともできないので，これはそのまま何も動かさないという合同変換しかないのである．実はこれは坂本竜馬の家紋であり，どこにも属さずにいろんな人とつながっていた彼の個性を表現しているような家紋である．

ところで，次のふたつの家紋を見てほしい．これらは桐と橘（たちばな）であり，デザインは異なる．しかしこのふたつの家紋の合同変換の群はどちらも 2 次の巡回群であり，同じである．つまり群論的には同じ家紋なのである．デザイナーが聞いたら泣くかもしれないが，数学的に物事を整理するときには，このように何かモノサシを設定して，それで見比べ，同じものは「同一視」してしまうのである．

パズルと群

群の考え方を，家紋の文様に応用するとデザインが減ってしまうようで，あまり楽しくないと思う読者もいるかもしれない．逆に，たくさんある家紋が群でみるとすっきり整理されると感じる読者もいるだろう．

どちらも間違っていない．後者は数学的なモデリングと言って，様々な情報の中から，ひとつの情報を取り出して物事を数理的に処理するときに使う方法であり，生活を豊かにするためのものではない．

つまり，世の中のものは，いろいろな情報から成り立っているので，数学として扱いやすくするために，その中のひとつの性質やルールにだけ着目するのである．そういうと，数学は色とりどりのものを殺風景にしてしまうように感じるかもしれないが，身近にあるパズルの中に隠れた数学を考えると，なかなか面白いので，その例を3つ挙げよう．

パズル1（サム・ロイドのパズル）

19世紀のアメリカのサム・ロイドは数学者でもあり，パズル作家でもあった．たくさんのパズルを売り出していたが，あるとき賞金1000ドル付きのパズルを作った．それは下の図のような文字盤のパズルである．数字の書いてある板は，空欄にのみ移動できる．

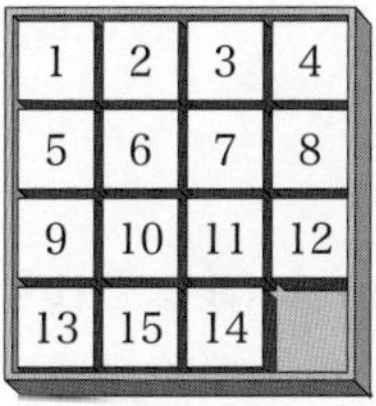

1	2	3	4
5	6	7	8
9	10	11	12
13	15	14	

それを適当に動かして，14 と 15 を入れ替えられたら賞金がもらえるというもので，とてもたくさん売れたがだれも賞金を得ることができなかった．その理由は後ほど，数学を用いて証明することにする．

パズル 2（ルービックキューブ）

　これを一瞬で解いてしまう人もいるが，ルービックキューブは，それぞれの面の色をそろえるために，三方向に回転できる．その回転の組み合わせの結果，六面すべての色をそろえることができる．この回転の方法すべてが群の元であり，その条件がそろったときにパズルが完成するのである．回転の回数は人によって異なるが，最初と最後の状態は，すべてルービックキューブの六面の状態の変化で結び付いているのである．

パズル 3（あみだくじ）

　これも群である．5 本のくじがあったとき，選べるのは 5 種類，出てくる結果も 5 種類で，途中の「はしご」の状態によって結果が変わるのである．そのはしごの状態も群で表すことができる．これも後ほど説明することにしよう．

置換群

　先にあげた 3 つのパズルはどれも形態が異なるので無関係に見えるが，どれも次に述べる置換群（ちかんぐん）で表される．まず置換群の中で最大の対称群について述べよう．

n 次対称群とは，n 個のものを置き換える方法に対応する群である．例えば n 人のクラスで席替えを考えよう．n 個の席があって，そこに n 人が座っている状態から，席替えをしてまた n 人が n 個の席に着く状態を考えよう．このとき n 人の人に $1, 2, \ldots, n$ と番号を振り，さらにその座っていた席にも同じ番号をつける．席替えの前後の番号を用いて席替えの結果を表す．

その席替えの様子を表す記号として，i 番目の人の行き先を $f(i)$ と定めると，全員の分の行き先を $\begin{pmatrix} 1 & 2 & & n \\ f(1) & f(2) & \cdots & f(n) \end{pmatrix}$ で表すことができる．これを置換と呼ぶ．この置換で成り立っている群を**置換群**といい，すべての置換を集めた群を**対称群**とよぶ．

正三角形の合同変換から得られる3次の二面体群は，三角形の頂点を1,2,3と名付けて，その行き先を $f(1), f(2), f(3)$ とおけば，回転と裏返しにあたる6通りがすべて得られるので，3次の二面体群と3次の対称群は，名前は異なるが同じ群である．

この n 個の置換について，次のような定理が知られている．

定理

どんな置換もふたつずつの入れ替え(**互換**)を繰り返すと得られる．ある置換に対して，その互換による表し方は一通りではないが，奇数回か偶数回かは一意的に定まる．奇数個の互換で得られる置換を**奇置換**，偶数個の互換で得られる置換を**偶置換**という．

席替えがあみだくじでできることから，あみだくじは置換になっていることがわかる．そこでこの定理を理解するために，あみだくじを考えてほしい．どんな置換もあみだくじで表せる．あみだくじのはしごは隣同士を入れ替える互換であり，それを繰り返すことによって，あみだくじは成り立っているのもわかるだろう．したがって，どんな置換も互換の積で書けるというのが定理の主張である．また奇置換か偶置換かは，あみだくじのはしごが奇数個か偶数個かということと同じである．

さて，さきほど紹介したパズル1(サム・ロイドのパズル)の仕掛けはわかっただろうか．もともと1から13までの番号札の場所は1から13と名付け，14, 15は場所と逆の名前を付けよう．最終的には最初の状態から14と15を入れ替えた状態にしたい．つまりこれは互換であるので奇置換である．ところが右下の空欄を同じ場所に戻す操作は偶置換である．奇置換と偶置換は同時には起きないので，サム・ロイドのパズルの14と15を入れ替えることは不可能である．つまりサム・ロイドは絶対に正解者の出ないパズルを賞金付きで売り出したのである．

結晶のはなし

ここからは群論の応用について話そう．群はもともと方程式の解の対称性の研究から始まったが，幾何学的な対称性を記述するのにも有効であることを家紋の例で説明した．家紋の合同変換に対応する群は自明なものを除くと，n 次巡回群と n 次二面体群の2種類だけだが，n にはいろんな数が入りうるので，全体では無限個の群が登場する．

次に家紋のような模様を平行移動させて作る，包装紙のデザインについて考えてみよう．歩道のタイルなど同じ形がどこまでも続いている状態を想像してほしい．現実には「どこまでも続いている」ことはあり得ないが，数学的に考えるときは，永遠に続いている状態を想定する．このときの対称性は，回転，裏返し，鏡映のほかに平行移動で自分自身と一致するものも考える．

このデザインの対称性を数学的に分類するには，家紋のときと同様に，合同変換に対応する群を考えるとよい．さて，いったいどのくらいあるのだろうか．簡単に思いつくのはタイルのような正方形，レンガのような長方形，蜂の巣のような正六角形がずっと続いている状態である．家紋のときは正五角形も出てきたが，正五角形では平面を埋めることができない．ということは，家紋の時ほどいろんな形が出てこないことも想像がつく．実は全部で 17 種類である．そんなにあるのかと思う人と，そんなに少ないのかと思う人がいるだろう．数学を使うと，誰がどう考えても 17 種類なのであると言い切れるのだ．

その詳しい分類を話す前に，さらに発展的な内容に触れよう．このような平面を埋め尽くすタイル張りのような文様の対称性を表す群のことを壁紙群とか文様群とか 2 次元結晶群とよぶ．2 次元の結晶って何？と思うかもしれない．じつはこの研究の背景には 3 次元の結晶構造の研究をする結晶学というものがあった．それは数学というよりも，化学の分野の疑問から出てきたのだろう．1891 年にロシアの結晶学者のフェドロフが，2 次元の結晶群はぜんぶで 17 種類だと数学的に証明したのである．しかしそれよりもずっと昔から，この 17 種類の対称性を持つデザインは様々なところで用いられていた．たとえば着物や千代紙のような古典的な文様もあるし，いろいろな包装紙や壁紙にも使われている．そしてスペインのグラナダにあるアルハンブラ宮殿の装飾タイルには，17 種類のデザインがすべてあるらしい．全部はそろっていないという説もあるが，ここでは気にしないことにする．いずれにしても昔の人たちは 17 種類のデザインを数学の分類結果を待たずにちゃんと見つけて使っていたのである．

2 次元結晶群の分類

それでは，実際に 2 次元結晶群はどのように得られるのか見てみよう．ぜんぶで 17 種類なので，それらがどのようなものか具体的に考えることにする．最終目標は次の定理である．

> 定理（フェドロフ）
> 2 次元結晶群は全部で 17 種類存在する．

この定理を導く準備として，次の結果を用いる．なお，補題というのは，定理を証明するときに重要な役割をする結果である．定理と書いてもいいが，ここでは定理と区別して補題と書いておく．

補題

実2次元平面上での等長変換は,

- 恒等変換
- 平行移動
- 回転
- 鏡映
- すべり鏡映

の5種類である.

この補題に登場する2次元等長変換というのは，2次元の結晶の形を変えない変換で，文字通り，平面上の2点の距離(長さ)を変えない(等しく保つ)合同変換である．したがって，2次元結晶群とは，実2次元平面上の等長変換からなる有限群である.

そこで2次元等長変換にはどんなものがあるか，もっと詳しく見てみよう.

1. 恒等変換．これは何も動かさない操作なので，どんなものでも距離を変えないのは当たり前であるが，大事な変換のひとつである.
2. 平行移動．正 n 角形の合同変換には出てこなかったが平面上の動きは2次元分あることに注意したい．簡単にいうと左右，上下とその組み合わせの平行移動がある.

3.　回転．これは家紋の時にも出てきた．家紋の時はどんな正 n 角形でも可能だったが，2 次元結晶群の場合，平面に敷き詰められる形だけしか考えられない．つまり平行移動できる形である．そうすると $n=1, 2, 3, 4, 6$ の全部で 5 種類だけになる．ちなみに $n=1$ というのは回転なしで，$n=2$ は 180 度回転なので縞模様のようなデザインである．$n=3$ は正三角形，$n=4$ は正方形，$n=6$ は正六角形である．
4.　鏡映．これは平面上なので，線対称のことである．その対称軸を鏡映軸と呼ぶことにしよう．
5.　すべり鏡映．これは聞きなれない言葉だと思うが，鏡映して平行移動すると一致するデザインである．これは実際のデザインを見るほうがわかりやすいかもしれない．

以上が 2 次元等長変換のすべてであり，この組み合わせにより全部で 17 種類の 2 次元結晶群が出てくる．実際の分類は次ページの表のようになる（『この定理が美しい』（数学書房）pp. 30–39，伊藤「対称性の美」参照）．

3 次元の結晶群

それでは，もともと考えたかった 3 次元の結晶群はどのくらいあるのだろうか？　これは 230 種類であることが 20 世紀前半にわかっている．この分類から，様々な結晶がどの群に対応するかがわかる．逆に結晶

	鏡映なし	鏡映あり
回転がない場合	①すべり鏡映なし(つまり平行移動のみ) ②すべり鏡映あり	③すべり鏡映軸と鏡映軸が一致する ④鏡映軸ではないすべり鏡映軸が存在する
180度回転のみをもつ(90度回転，60度回転は持たない)場合	⑤すべり鏡映なし ⑥すべり鏡映あり	⑦すべり鏡映軸と鏡映軸が直交しない ⑧すべり鏡映軸と鏡映軸が直交し，回転の中心が鏡映軸上にある ⑨すべり鏡映軸と鏡映軸が直交し，回転の中心を通らない鏡映軸がある
120度回転をもち，60度回転は持たない場合	⑩	⑪回転の中心が鏡映軸上にある ⑫回転の中心を通らない鏡映軸がある
90度回転を持つ場合	⑬	⑭すべり鏡映軸と鏡映軸が45度で交わらない ⑮すべり鏡映軸と鏡映軸が45度で交わる
60度回転を持つ場合	⑯	⑰

の対称性を調べることによって，その結晶構造がわかるのである．結晶格子と呼ばれる3次元の結晶構造は結晶系とブラベー格子という基準で分類されており，量子化学という分野でよく知られている．原理的には群論と量子力学が用いられているが，実際にはX線などを用いた結晶構造解析装置に未知の物質を入れると，その結晶構造がわかる．この装置の中では，放射

線を当てて，結晶を成す分子の対称性と，その分子を構成している原子がわかるので，未知の化学物質の分子構造を調べるときに用いられている．例えば，自然界にある希少な生物が何かの病気に効く成分を持っているとき，その分子構造がわかることにより，人工的に薬として合成することが可能になる．新薬の開発にも数学が使われている．また，数学的に求めた230種類の3次元の結晶構造のほとんどが自然界に実際に存在するそうで，この事実はとても神秘的である．

数学と自然科学

さらに4次元の結晶群も分類されている．全部で4783種類だとか．その数はともかく，読者の中には，4次元の結晶ってなんだ？と思う方もいるだろう．数学の次元というのは，単なる変数の数であり，変数をいくらでも増やして高次元化できる．物理だと4次元は空間3次元と時間1次元からなる時空をイメージするが，そういう具体的な空間を思い浮かべて考えているわけではない．大学に入学したての学生にもよく「数学の概念がイメージできない」と言われるが，イメージできないものも扱えるのが数学の強みである．ちなみに数学では5次元の結晶の分類は未解決問題であり，解けたら論文として発表できるので，興味があったら挑戦してほしい．

さて，この章では幾何学的な対称性に触れた．すべて数学の世界では，完成した美しい世界である．それは対称性がもつ美しさもあるが，対称な組み合わせをすべて数え上げるなど理論として完璧なのである．この「対称性」という言葉は，自然科学の研究にも多く現れるが，少々扱われ方が異なるので，ここで2つの例を紹介したい．

ひとつめは化学における対称性．化学物質の中には右手と左手のように左右対称な2種類の分子構造を持つものがある．それらは鏡像異性体と呼ばれる．自然界には片方しかなくても，人工的に研究室で合成すると，2種類とも同数得られるそうだ．つまり右手も左手もできてしまうのだ．ところが，その片方が良いもので，もう片方は悪いものということもある．2001年にノーベル化学賞を受賞した野依良治氏の「キラル触媒による不斉反応の研究」は，片方の鏡像異性体だけを作る触媒を見つけたという業績である．

また2008年にノーベル物理学賞を受賞した小林誠氏と益川敏英氏の「CP対称性の破れの起源の発見」に至っては，そのタイトルにもあるように，対称性がなくなっていることが大事であるという研究成果もあるのである．つまり対称なものがちゃんと揃っている状態を理想とする数学とは異なるのである．

このように対称性というのは，数学では完璧な美しいものとされているが，ほかの自然科学ではむしろその対称性をなくしたところに研究の面白い発見が隠れていることもある，とお伝えしておきたい．

4

身近な線形代数学に触れる

高校数学から消えた行列

高校数学から行列が消えて久しい．「え，高校で行列やってないの？」と「行列って何？」という答えでその人の年代がわかるかもしれない．私が高校生のころは，文系でも理系でも行列も１次変換も習った．その後，行列だけになり，今はベクトルだけが残っている．

ところが大学に進学すると，物理の演習では行列を当然のように使うし，工学でも経済学でも行列は必要になる．大学教員の中でも，高校で行列を習わなくなった事実をきちんと把握しているのは，線形代数学という数学を教える教員くらいである．大学入試で行列に触れた学生は，行列の定義も演算も知っていたので，もっと進んだ内容から教えることができた．しかし今は違う．行列とは何かというところから教えなくてはならない．しかも大学に入ってからだと他の専門科目もあるので大学入試ほど勉強しないため，すぐに忘れてしまう学生も多い．ところが実際には文系理系を問わず統計学などでも行列が必要になるはずなのに，ちゃんと理解している大学生は理系の一部の学生だけになってしまっている．

それではいけないと思い，この章ではかつて高校で学んだ行列や１次変換のような線形代数学の初歩に触れることを目標にする．線形代数学は身近な応用もたくさんあり，これから必要な数学だと思うのだが，高校数学から消えてしまったことが残念であり，ぜひ復活させてほしいという気持ちも込めて書くことにする．

線形とは？

ここからは線形代数学の初歩とその応用について話したい．まず，「線形」という言葉から説明しよう．数学の教科書で「せんけい代数」というタイトルの本は多くあるが，「線形」と「線型」の2種類がある．どちらかというと古い本は「線型」になっているだろう．

もともとこの言葉は英語の「linear」の翻訳である．リニアモーターカーのリニアであり，直線的という意味である．したがって，「線型」のほうが直線タイプという意味を含んでいて正しい気がするが，最近は「線形」が多く使われるのは，岩波書店の『数学辞典』で「線形」と記載されているからのようだ．私個人は「線型」派だが，この本は岩波書店の本なので「線形」と書くことにしよう．

実際には直線の形をしているのではなく，直線的だと断っておく．また linear という単語は，直線的と訳さず，「1次の」と訳すこともある．実際に直線の方程式が変数に指数がついていない1次の式で表されることと対応している．かつての高校数学で学んだ「1次変換」というのは，のちに述べる「線形写像」の一例である．習い始めたころは，どんなものが1次変換になるのかわからなかったが，先生から「1次式だけで書くことができる」という説明をきいた途端，すっきり理解できた．つまりこの章では，1次式 x, y は出てくるが，2次以上の x^2, y^2, xy などがついている式は出てこない．

線形代数学の応用の身近な例

私たちの身の回りには，線形代数が実際に使われているものがたくさんある．たとえば，わからない言葉が出てきたときに使うインターネット検索である．グーグルのページランクというのが，線形代数を用いた例である．詳しくは後述するが，線形代数で重要な行列という道具が役に立つ．基本的には同じような考え方だが，出発地の駅と目的地の駅を入れると，いろいろなルートを示してくれる路線検索にも線形代数が使われている．以下に簡単に応用例を示し，この章で扱う線形代数の登場人物を紹介しよう．

(1) 平面上の点を別の点に動かす様子は多くの場合，線形写像で表現できる．それは行列で書き表されることをこの章で触れるが，座標で表される位置と行列で表される動きの組み合わせで，コンピュータグラフィックス(CG)が可能になる．ゲームやアニメ，映画などに線形代数学が用いられている．

(2) 行列を使うと，連立1次方程式を簡単に解くことができる．本章では 2 変数の連立 1 次方程式について解説するが，多変数の連立 1 次方程式を解くことも，その一般化として可能である．ただし，原理的に解けるのと，実際に解くのとは少しギャップがある．つまりどんな連立 1 次方程式でもいつも解けることはわかっているが，実際には計算が複雑でなかなか簡単には解けないこともある．そんな場合はコンピュータを使うことで解消される．どのくらいたくさんの変数の方程式を扱うかというと，物理学では 3 変数から 10 変数あたりである．また経済学で扱う連立 1 次方程式は 100 変数くらいである．そして数学では n 変数である．数学者は一般化といって，いつでも成り立つ性質を求めるので，n は 1 でも 10 でも 100 でもいいような解き方を考えるのである．これはどの線形代数学の教科書にも載っているが，基本的には 2 変数のときと同様に，行に関する基本変形を用いて求めることができる．大学の授業では手計算で求めさせるが，実際にはコンピュータで計算することが多い．そのアルゴリズムにはちゃんと線形代数学の知識が使われており，変数が増えても計算できるような方法なのである．

(3) 固有値や固有ベクトルは行列の個性を表す指標である．量子力学という物理では必須であり，固有値がスペクトルを，固有ベクトルが波動関数を表す．この量子力学と群論による分子構造の対称性の記述を組み合わせたのが量子化学であり，分子構造の決定をする際に使われている．

(4) 固有値，固有ベクトルの応用として，インターネットの検索に現れるランキングも行列の計算によって得られる．どんなウェブページが検索した中でいちばんよく見られているかというのが検索結果であるが，それはほかのページからのリンク数が多いほど上位に出ることはわかる．他のウェブページからのリンクの数を行列の成分とし，その行列の情報から，どんな傾向が強いかを見るのである．

(5) この本では触れないが，行列を用いた計算例として線形計画法というのがある．例えば，宅配便の荷物は日々変化するが，集荷所や配送センターの場所や数は変わらない．その日に受け付けた荷物の数や行き先を入力すると，そのより効率的な運送方法が行列の計算で得られる．線形計画法は工場の管理や経営にも使われ，その中の最適化問題で行列の計算が必要になる．電車のルート検索も，時間，料金，乗り換えの回数など条件を変えるといろいろなルートが表示されるが，それぞれの条件下でもっともよい答え(最適解)を出しているのである．

このように，線形代数学は，単に行列を用いた数学として重要なだけではなく，私たちの日々の生活にも必要不可欠なものである．

写像

まず，「写像」という概念を紹介する．写像ということばは聞きなれないかもしれないが，関数ということばは聞いたことがあるだろう．関数というのはもともと函数と書かれていた．函館という地名に使われている通り，函は「はこ」である．例えば $y=2x$ という関数を考えよう．本当は $f(x)=2x$ と書きたい．なぜなら，$f(x)$ の x にいろんな数を入れると，結果がでてくるので，$f(\quad)$ という魔法の「はこ」に x を入れると $2x$ というものが得られる．たとえば，x として 1 を入れると，「はこ」から 2 が出てくるのである．ここで気付くと思うが，自動販売機がそのよい例である．ボタンを押すと「はこ」からそのボタンに対応した商品が出てくる．数学の「写像」も自動販売機のようなものであるが，正確な定義は次のようになる．

定義
2 つの集合 X と Y があって，集合 X の各要素 x に対して，集合 Y の要素 y が 1 つずつ対応しているとき，この対応を X から Y への**写像**という．

この定義で大事なのは x に対して y が 1 つ決まることである．自動販売機同様，1 つのボタンを押すと，1 つの商品が出てくるものだけを考えるのである．もう少し言葉の定義をしておこう．

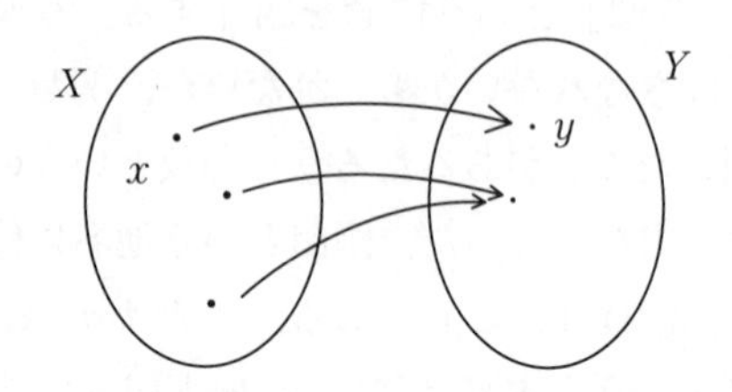

このような写像があったとき，その写像を f として，$f: X \to Y$ と書く．また $f(x)=y$ と書き，これを x の f による像と呼ぶ．さらに集合 X の要素すべての行き先を $f(X)$ と書いて X の写像 f による像という．このとき $f(X)=\{f(x) \mid x \in X\}$ と書けて，$f(X)$ の要素はすべて Y に含まれる．

もう少し特別な写像を定義しながら説明しよう．

1. 単射（たんしゃ）

$f: X \to Y$ において，X の異なる2つの要素が必ず Y の異なる2つの要素に対応するとき f は**単射**であるという．

(注)自動販売機だと，すべてのボタンが異なる商品に対応している場合である．飲み物の自動販売機で，同じ飲み物のボタンがいくつかあるときがあるが，そういう自動販売機ではないということである．

2. 全射

$f: X \to Y$ において，Y のどの要素も X の像になるとき，つまり $f(X)=Y$ のとき，f は**全射**であるという．

3.　全単射

写像 f が全射かつ単射であるとき，f は**全単射**であるという．

例 1

3 文字の置換 $\{1,2,3\}\to\{1,2,3\}$ は全部で 6 つあり，これらはすべて全単射である．

6 つの置換をすべて書いておこう．

$$\begin{pmatrix}1&2&3\\1&2&3\end{pmatrix},\quad \begin{pmatrix}1&2&3\\2&1&3\end{pmatrix},\quad \begin{pmatrix}1&2&3\\1&3&2\end{pmatrix},\quad \begin{pmatrix}1&2&3\\3&2&1\end{pmatrix},$$
$$\begin{pmatrix}1&2&3\\2&3&1\end{pmatrix},\quad \begin{pmatrix}1&2&3\\3&1&2\end{pmatrix}.$$

演習問題

$f:\{1,2,3\}\to\{1,2,3\}$ でできる写像はいくつあるか．またそのうち全単射はいくつあるか．

1 の行き先が 1, 2, 3 の 3 通りある．2 も 3 もそれぞれ 3 通りある．したがって，$3^3=27$ 通りであるので，写像は全部で 27 個ある．そのうち全単射になるのは，上の例の 6 つである．

演習問題

$f:\{1,2,3,4,5\}\to\{1,2\}$でできる写像のうち，全射になるものはいくつあるか．

写像は全部で$2^5=32$個ある．このうち全射にならないものは，すべて1に行く写像と，すべて2に行く写像の2つなので，全射になるものは$32-2=30$個である．

平面上の写像

それでは，幾何学的な写像として，xy平面上の移動を考えよう．

1.　平行移動：点(x, y)をx軸方向にp，y軸方向にq移動して得られる点の座標を(x', y')とすると，もとの点との関係は次のように書ける．

$$\begin{cases} x' = x+p \\ y' = y+q \end{cases}$$

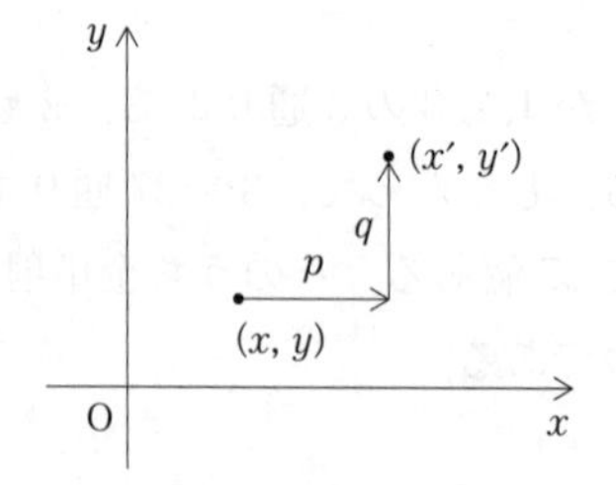

2.　回転移動：点 (x, y) を原点を中心にして，θ 度回転した点の座標を (x', y') とすると，

$$\begin{cases} x' = \cos\theta\ x - \sin\theta\ y \\ y' = \sin\theta\ x + \cos\theta\ y \end{cases}$$

と書ける．

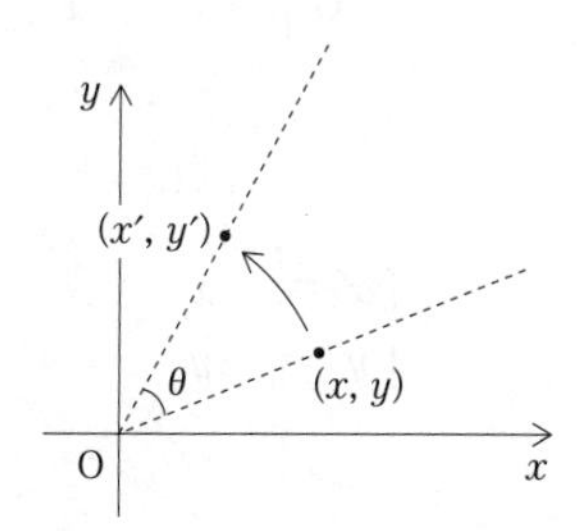

3.　対称移動：x 軸を対称軸とした対称移動は

$$\begin{cases} x' = x \\ y' = -y \end{cases}$$

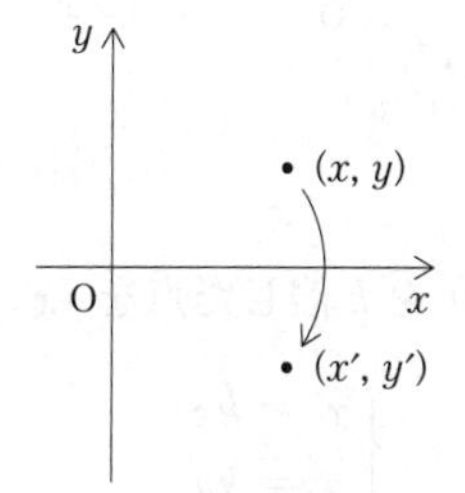

y 軸を対称軸にした対称移動は

$$\begin{cases} x' = -x \\ y' = y \end{cases}$$

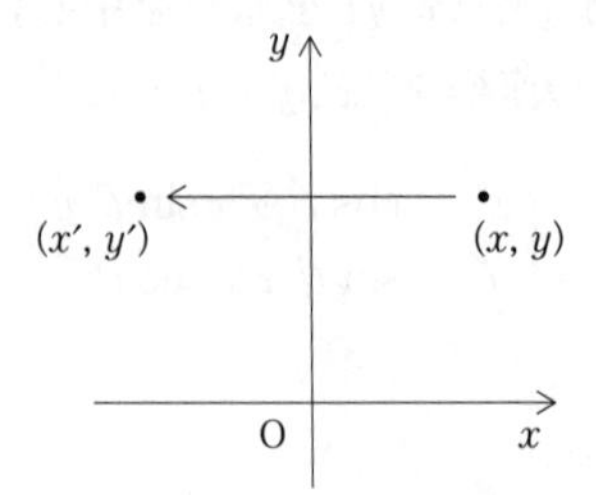

原点対称は

$$\begin{cases} x' = -x \\ y' = -y \end{cases}$$

と書ける.

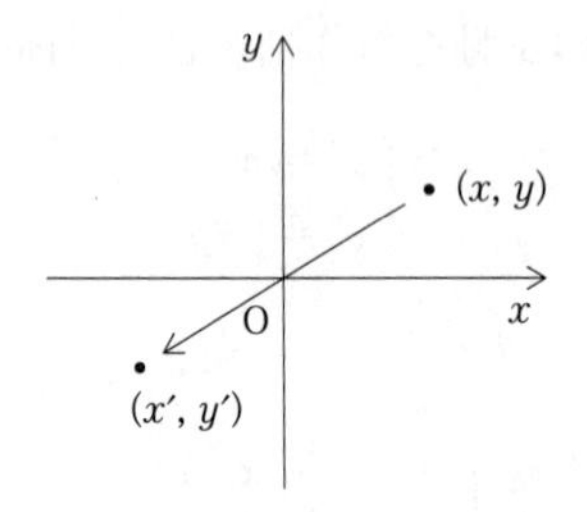

4.　相似：点 (x, y) を k 倍した点を (x', y') とすると

$$\begin{cases} x' = kx \\ y' = ky \end{cases}$$

と表せる.

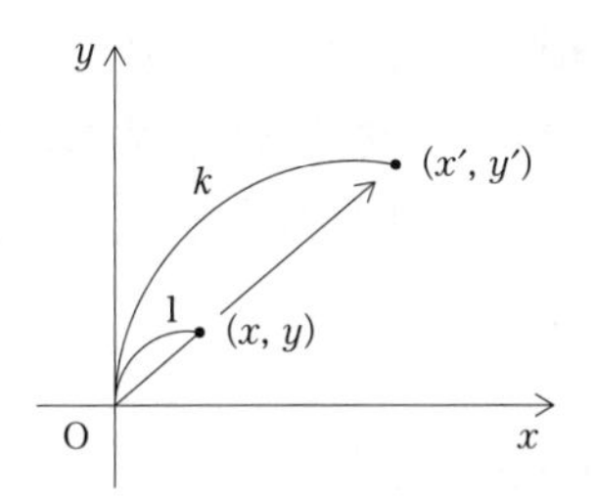

合成写像と逆写像

写像が $f: X \to Y$ のほかに写像 $g: Y \to Z$ が定義できるときに，2つの写像を合わせた**合成写像**

$$g \circ f: X \to Z$$

が定義できる．これは f で移したあとに，g で移すので，関数のような書き方をすると，X の要素 x を f で移した像が $f(x)$ であり，それをさらに g で移すと $g(f(x))$ となる．このとき，この合成写像を $g \circ f$ で表すのである．

また，さらに写像 $f: X \to Z$ が全単射のときのみ(ここはとても大事！)その**逆写像**が定義でき，その写像を $f^{-1}: Z \to X$ と書く．自動販売機で考えると，ある飲み物 A が出てきたのは，たくさんあるボタンのうち A の商品名が書かれたボタンを押したからだ！と過去を検証することができる．もし A と書かれたボタンが複数あると，どのボタンを押したのかはわからないので，全単射という条件が必要になるのである．

さらに，合成写像 $g\circ f$ が全単射のときも，その逆写像が定義できる．この場合は，先の逆写像と反対の操作をするので，g^{-1} のあとに，f^{-1} を施すため，$f^{-1}\circ g^{-1}$ となる．

もとの写像を $g\circ f$ と書いたので，

$$(g\circ f)^{-1} = f^{-1}\circ g^{-1}$$

となる．f と g の順番が逆になって不思議な感じがするかもしれないが，日常生活の中でも同じ現象がある．例えば f という写像は靴下を履くという操作で，g という写像は靴を履くという操作とする．この合成写像 $g\circ f$ は靴下を履いて，靴を履く操作である．また，それぞれの逆写像は，f^{-1} は靴下をぬぐ，g^{-1} は靴をぬぐである．そして，合成写像 $g\circ f$ の逆写像 $(g\circ f)^{-1}$ は，靴をぬいでから，靴下をぬぐので，$f^{-1}\circ g^{-1}$ となる．

線形写像

それではそろそろ，線形代数を始めよう．今まではいろいろな写像を見たが，ここからは線形代数に限定した話にする．つまり次のように定義される線形写像を考える．

定義

ある空間Vからある空間Wへの写像$f:V\to W$が**線形写像**であるとは，次の2つの性質をみたすときをいう．なお，v_1, v_2は空間Vの点の座標とし，αは定数とする．

(1)　$f(v_1+v_2)=f(v_1)+f(v_2)$

(2)　$f(\alpha v_1)=\alpha f(v_1)$

これを定義として話をすすめてもいいが，この本では2変数の場合だけを扱いたいので，もっと具体的な表示方法を使うことにする．つまり定義でV, Wと書いた空間はいずれも2次元平面だとする．このときxy平面上の点(x, y)が線形写像で移る点(x', y')の座標は，もとの点の座標(x, y)を用いて，次のように書ける：

$$\begin{cases} x' = ax+by \\ y' = cx+dy \end{cases} \quad \cdots(*)$$

この表し方により，さきほど見た平面上の移動のうち，2, 3, 4は線形写像であることがわかる．この写像を用いて，これから先の話は進められるが，ちゃんと線形写像の定義の条件をみたしていることを確認しておこう．

いま，$V=W$で，2次元の平面である．写像fを

(＊)で定義される写像とする．Vの2つの点の座標をそれぞれ$v_1=(x_1, y_1)$，$v_2=(x_2, y_2)$とし，定義の2つの条件をみたすことを確かめよう．

[証明]

(1)　$v_1+v_2=(x_1+x_2, y_1+y_2)$であるから，

$$
\begin{aligned}
&f(v_1+v_2)\\
&\quad= (a(x_1+x_2)+b(y_1+y_2), c(x_1+x_2)+d(y_1+y_2))\\
&\quad= (ax_1+ax_2+by_1+by_2, cx_1+cx_2+dy_1+dy_2)\\
&\quad= (ax_1+by_1+ax_2+by_2, cx_1+dy_1+cx_2+dy_2)\\
&\quad= (ax_1+by_1, cx_1+dy_1)+(ax_2+by_2, cx_2+dy_2)\\
&\quad= f(v_1)+f(v_2)
\end{aligned}
$$

となり，1つめの条件式が成り立つことがわかる．

同様にして

(2)　$\alpha v_1=(\alpha x_1, \alpha y_1)$であるから

$$
\begin{aligned}
f(\alpha v_1) &= (a\alpha x_1+b\alpha y_1, c\alpha x_1+d\alpha y_1)\\
&= \alpha(ax_1+by_1, cx_1+dy_1)\\
&= \alpha f(v_1)
\end{aligned}
$$

となる．(証明終)

注意　一般に線形写像はn次元からm次元の写像として定義される．そのときは，n変数のm個の式で与えられる．また$n=m$，つまりもとの空間の次元と移った先の空間の次元が同じときだけ，1次変換と呼ぶことができる．したがって，いまここで扱っている2変数で2個の式で表される線形写像は1次変換とよ

んでもよい．かつて高校で習った1次変換がこれである．

例2

平面上の対称移動，回転，相似は線形写像であることはわかったが，それらを組み合わせたより一般的な線形写像の例として，次の場合を見てみよう．

$$\begin{cases} x' = x+4y \\ y' = 2x-y \end{cases}$$

これは点 (x, y) を点 (x', y') に移す写像であるが，いくつかの特別な点を実際に移してみよう．

(1) 原点 $(0, 0)$ は原点 $(0, 0)$ のまま動かない．これはどんな線形写像でも成り立つ重要な性質である．

(2) 点 $(1, 0)$ は，$x=1$，$y=0$ を代入すると点 $(1, 2)$ に移ることがわかる．

(3) 同様にして，点 $(0, 1)$ は，$x=0$，$y=1$ を代入して，点 $(4, -1)$ に移る．

(4) それでは x 軸全体はどうなるだろうか．x 軸上の点は常に $x=p$，$y=0$ と書けるので，点 $(p, 0)$ は，点 $(p, 2p)$ に移ることがわかる．このままでもいいが，x 座標と y 座標の関係を見ると，必ず y 座標が x 座標の2倍になっているので，この点は $y=2x$ という直線のどこかに移るということがわかる．したがって，x 軸全体は，直線 $y=2x$ に移るのである．

以上の例では，点はどこかの点へ，x 軸は原点を通る直線に移ることがわかった．

行列

いままで，平面上の線形写像を連立方程式のように書き表していたが，これは行列という線形代数でとても重要な道具を使って書き表すことができる．行列と言っても何かが一列に並んでいるのではなく，縦横に数が並んでいるものである．一般には，縦にも横にもいくらでも数が並べられるのだが，まずは縦横 2 つずつ数が並んでいる行列を考えよう．

行列 $A=\begin{pmatrix} a & b \\ c & d \end{pmatrix}$ の横に並ぶ a, b を第 1 行，c, d を第 2 行といい，縦に並ぶ a, c を第 1 列，b, d を第 2 列といい，行列 A は 2 行 2 列の**行列**という．これを用いて，線形写像(＊)を次のように書き表すことにする．

$$\begin{pmatrix} x' \\ y' \end{pmatrix} = \begin{pmatrix} a & b \\ c & d \end{pmatrix} \begin{pmatrix} x \\ y \end{pmatrix}$$

それはなぜか？と疑問を持つところではなく，こう表すことに決めるのである．実はこの行列を使うととても便利だとすぐわかるだろう．

例 3

上の例 2 の線形写像は行列を用いると

$$\begin{pmatrix} x' \\ y' \end{pmatrix} = \begin{pmatrix} 1 & 4 \\ 2 & -1 \end{pmatrix} \begin{pmatrix} x \\ y \end{pmatrix}$$

と書き表せる．さらに平面上の移動で線形写像になるものを行列で書き表してみよう．

対称移動については，x 軸対称の移動は

$$\begin{cases} x' = x \\ y' = -y \end{cases}$$

と書けたから，行列を使うと

$$\begin{pmatrix} x' \\ y' \end{pmatrix} = \begin{pmatrix} 1 & 0 \\ 0 & -1 \end{pmatrix} \begin{pmatrix} x \\ y \end{pmatrix}$$

となる．

回転移動は

$$\begin{cases} x' = \cos\theta\ x - \sin\theta\ y \\ y' = \sin\theta\ x + \cos\theta\ y \end{cases}$$

であったから，行列を用いると

$$\begin{pmatrix} x' \\ y' \end{pmatrix} = \begin{pmatrix} \cos\theta & -\sin\theta \\ \sin\theta & \cos\theta \end{pmatrix} \begin{pmatrix} x \\ y \end{pmatrix}$$

と書ける．

また，相似の写像は，

$$\begin{cases} x' = kx \\ y' = ky \end{cases}$$

であるから，これは行列を用いると

$$\begin{pmatrix} x' \\ y' \end{pmatrix} = \begin{pmatrix} k & 0 \\ 0 & k \end{pmatrix} \begin{pmatrix} x \\ y \end{pmatrix}$$

という形で表せる．

行列の演算

線形写像が行列で表せることを見たが，なぜこれが便利なのだろうか．実はある点を線形写像で移して，さらに別の線形写像で移すという状況もある．それぞれの写像に対応する行列の“かけ算”によって出てくる1つの行列で表せることが行列を用いる利点なのである．そこでここでは行列の演算についてまとめておく．

例3で見たように，線形写像が行列 $A=\begin{pmatrix} a & b \\ c & d \end{pmatrix}$ で表されるとき，2点 $(1, 0)$, $(0, 1)$ がそれぞれどこに移るかを考える．すると $(1, 0)$ は (a, c) に，$(0, 1)$ は (b, d) に移ることがわかる．これは次のように書いたほうがわかりやすいだろう．

$$\begin{pmatrix} a & b \\ c & d \end{pmatrix}\begin{pmatrix} 1 \\ 0 \end{pmatrix} = \begin{pmatrix} a \\ c \end{pmatrix}, \quad \begin{pmatrix} a & b \\ c & d \end{pmatrix}\begin{pmatrix} 0 \\ 1 \end{pmatrix} = \begin{pmatrix} b \\ d \end{pmatrix}$$

つまり，x 軸方向の基本である点 $(1, 0)$ の行き先は行列の1列目に現れる値で，y 軸方向の基本になる点 $(0, 1)$ の行き先は行列 A の2列目の値で表されていることがわかり，この行列の成分のもつ意味が少しだけわかるだろう．

ただ，これだけでは2点の移る先がわかるだけに見える．しかしより一般の点を (p, q) としたとき，この点の座標は x 軸方向に $(1, 0)$ を p 倍，y 軸方向に

$(0, 1)$ を q 倍した点である．したがって，一般の点 (p, q) の移る先は，(a, c) の p 倍と (b, d) の q 倍を足したものになる．ただし，この部分は文章で書くよりも実際の行列の演算を見たほうがわかりやすいので，順を追ってみていこう．

(1) 恒等写像．2点 $(1, 0)$，$(0, 1)$ の移る先が自分自身であればいいので，恒等写像に対応する行列は $\begin{pmatrix}1 & 0\\0 & 1\end{pmatrix}$ で表され，**単位行列**と呼ばれる．E と書くこともある．そしてこの行列はどんな点も自分自身に移す．

(2) 行列の定数倍．α を定数とするとき，線形写像 f の α 倍はもとの写像 f に対応する行列を

$$A = \begin{pmatrix}a & b\\c & d\end{pmatrix}$$

とすると，その α 倍は

$$\alpha\begin{pmatrix}a & b\\c & d\end{pmatrix} = \begin{pmatrix}\alpha a & \alpha b\\\alpha c & \alpha d\end{pmatrix}$$

となる．

(3) 合成写像．2つの線形写像をある点に施すことを考える．1つめの写像 f に対応する行列を A，2つめの写像 g に対応する行列を B とすると，合成写像 $g \circ f$ に対応する行列は BA となる．これはある点を行列 A で移して，さらに行列 B で移すことを示している．

行列のかけ算 BA の具体的な計算は次のようにする.

$$A=\begin{pmatrix} a & b \\ c & d \end{pmatrix},\quad B=\begin{pmatrix} p & q \\ r & s \end{pmatrix}$$

とするとき,

$$BA=\begin{pmatrix} p & q \\ r & s \end{pmatrix}\begin{pmatrix} a & b \\ c & d \end{pmatrix}=\begin{pmatrix} pa+qc & pb+qd \\ ra+sc & rb+sd \end{pmatrix}$$

というようにする. 最初の $pa+qc$ という成分は B の第1行と A の第1列から得られるというように, 行と列の4つの組み合わせから, 4つの成分が得られる. 2つの行列の順番を入れ替えて AB というかけ算をすると

$$AB=\begin{pmatrix} a & b \\ c & d \end{pmatrix}\begin{pmatrix} p & q \\ r & s \end{pmatrix}=\begin{pmatrix} ap+br & aq+bs \\ cp+dr & cq+ds \end{pmatrix}$$

となり, AB と BA はほとんどの場合, 異なる値をとることもわかる. 整数のかけ算のように $AB=BA$ とはならないことに注意してほしい.

例えば, $A=\begin{pmatrix} 1 & 2 \\ 3 & 4 \end{pmatrix}$, $B=\begin{pmatrix} 5 & 6 \\ 7 & 8 \end{pmatrix}$ として, AB と BA を計算してみると実感できるだろう.

(4) 逆写像. 線形写像 f に対応する行列を A とすると, その逆写像に対応する行列 A^{-1} とは何か. この写像の意味を考えると, 逆写像は写像 f で移った点をもとの点に戻す写像である. その2つを合成すると, もとの点が自分自身に移るわけだから, A と A^{-1} のかけ算 AA^{-1} が恒等変換にあたる単位行列

にならなくてはいけない．また逆写像はいつも存在するわけではない．それを意識しながら，逆写像を表す $A=\begin{pmatrix} a & b \\ c & d \end{pmatrix}$ の**逆行列**を計算で求めてみよう．実際の計算は，ここにはすべて書かないが，

$$A^{-1}=B=\begin{pmatrix} p & q \\ r & s \end{pmatrix}$$

とおき，

$$AB=\begin{pmatrix} a & b \\ c & d \end{pmatrix}\begin{pmatrix} p & q \\ r & s \end{pmatrix}=\begin{pmatrix} ap+br & aq+bs \\ cp+dr & cq+ds \end{pmatrix}=\begin{pmatrix} 1 & 0 \\ 0 & 1 \end{pmatrix}$$

となるような p, q, r, s を求めると，A の逆行列は

$$A^{-1}=\frac{1}{ad-bc}\begin{pmatrix} d & -b \\ -c & a \end{pmatrix}$$

となる．（これを逆行列の公式と呼ぶことにする．）このとき

$$AA^{-1}=A^{-1}A=\begin{pmatrix} 1 & 0 \\ 0 & 1 \end{pmatrix}$$

となることも確かめられる．またこの逆行列は $ad-bc\neq0$ のとき成り立つ．行列 $A=\begin{pmatrix} a & b \\ c & d \end{pmatrix}$ が $ad-bc\neq0$ をみたすとき，行列 A は**正則**といい，対応する線形写像は全単射になる．

行列と群

以上が行列の演算に関するルールである．写像としての性質もみたしているが，何か気が付かないだろうか．実は正則な行列，つまり逆行列をもつ行列全体の

集合は群になっている．もういちど群の公理に出てきた4つの条件を書いておこう．

(1) 集合 G は演算 $*$ について閉じている．
(2) G の任意の元 $x, y, z \in G$ に対して，
$$(x*y)*z = x*(y*z)$$
が成り立つ．
(3) 任意の元 x に対して，$e*x=x*e=x$ が成り立つような単位元 e が存在する．
(4) 各元 x に対して，$y*x=x*y=e$ が成り立つような逆元 y が G の中に存在する．

いま，G を正則な2行2列の行列全体とする．このとき，行列同士のかけ算の結果はすべて2行2列の行列になるので，条件(1)も(2)もみたす．また G が群となるための条件である単位元は単位行列であり，逆元は逆行列であるから条件(3)も(4)もみたす．したがって，正則な2行2列の行列をすべて集めた集合は群なのである．

例4

それでは，先に見た平面上の移動を表す線形写像の逆写像や合成写像がどんな写像になるか見てみよう．

x 軸の対称移動を表す行列 $A=\begin{pmatrix}1 & 0\\0 & -1\end{pmatrix}$ の逆行列もまた $A=\begin{pmatrix}1 & 0\\0 & -1\end{pmatrix}$ である．実際

$$AA = \begin{pmatrix} 1 & 0 \\ 0 & -1 \end{pmatrix}\begin{pmatrix} 1 & 0 \\ 0 & -1 \end{pmatrix} = \begin{pmatrix} 1 & 0 \\ 0 & 1 \end{pmatrix}$$

である．写像の性質を考えれば，x 軸対称を 2 回繰り返すともとに戻ることからもわかるが，行列による表示からもその性質がわかるのである．

k 倍を表す相似に対応する行列 $B=\begin{pmatrix} k & 0 \\ 0 & k \end{pmatrix}$ の逆行列 B^{-1} は $\begin{pmatrix} \frac{1}{k} & 0 \\ 0 & \frac{1}{k} \end{pmatrix}$ である．つまりそれぞれ，単位行列の k 倍と，$\frac{1}{k}$ 倍である．

最後に回転を表す行列に注目する．ここには高校生が苦労して覚える公式が簡単に出てくる．

まず原点のまわりに θ 度回転に対応する行列は

$$C = \begin{pmatrix} \cos\theta & -\sin\theta \\ \sin\theta & \cos\theta \end{pmatrix}$$

であった．この逆行列は $-\theta$ の回転であるから，

$$C^{-1} = \begin{pmatrix} \cos(-\theta) & -\sin(-\theta) \\ \sin(-\theta) & \cos(-\theta) \end{pmatrix}$$

と書いてもいいが，逆行列の公式に当てはめると

$$\cos^2\theta + \sin^2\theta = 1$$

となるので，

$$C^{-1} = \begin{pmatrix} \cos\theta & \sin\theta \\ -\sin\theta & \cos\theta \end{pmatrix}$$

となる．ここから三角関数の性質として

$$\cos(-\theta) = \cos\theta,$$
$$\sin(-\theta) = -\sin\theta$$

も得られる．さらに CC^{-1} を計算すると

$$\begin{pmatrix} \cos\theta & -\sin\theta \\ \sin\theta & \cos\theta \end{pmatrix}\begin{pmatrix} \cos\theta & \sin\theta \\ -\sin\theta & \cos\theta \end{pmatrix}$$

$$= \begin{pmatrix} \cos^2\theta + \sin^2\theta & 0 \\ 0 & \cos^2\theta + \sin^2\theta \end{pmatrix} = \begin{pmatrix} 1 & 0 \\ 0 & 1 \end{pmatrix}$$

となる．

さて，さらに α 度回転と β 度回転の合成写像に対応する行列を考えてみよう．順番を変えてもこの場合，いずれも結果は $\alpha+\beta$ 度の回転になる．つまり

$$\begin{pmatrix} \cos\alpha & -\sin\alpha \\ \sin\alpha & \cos\alpha \end{pmatrix}\begin{pmatrix} \cos\beta & -\sin\beta \\ \sin\beta & \cos\beta \end{pmatrix}$$

$$= \begin{pmatrix} \cos(\alpha+\beta) & -\sin(\alpha+\beta) \\ \sin(\alpha+\beta) & \cos(\alpha+\beta) \end{pmatrix}$$

であるが，左辺をきちんと計算すると

$$= \begin{pmatrix} \cos\alpha\cos\beta - \sin\alpha\sin\beta & -(\cos\alpha\sin\beta + \sin\alpha\cos\beta) \\ \sin\alpha\cos\beta + \cos\alpha\sin\beta & -\sin\alpha\sin\beta + \cos\alpha\cos\beta \end{pmatrix}$$

となる．ここで，あ！と気づく読者もいるだろう．実はここには三角関数の和の公式がすべて含まれており，あんなに苦労して覚えたのに，こんなに簡単に得られるのである．これを用いれば 2 倍角の公式も 3 倍角の公式も簡単に出てくるので，複雑な公式をすべて覚える必要はない．公式として高校までの教科書に書かれ

ていたものは，覚えるものではなく計算で求まるものだということを理解してほしい．もちろん回転だけでなくすべての行列が高校で扱われなくなってしまったが，三角関数などほかの単元にも役に立つものなので，高校での履修内容に復活させてほしい．

線形写像の性質

ここでは，行列で表される線形写像の特別な性質に触れたい．まず次の問題を考えよう．

問題 1
行列 $A=\begin{pmatrix}1 & 4\\ 2 & -1\end{pmatrix}$ で表される線形写像で直線 $y=kx$ 上の点が常に同じ直線上に移るとき，k の値を求めよ．

この行列で表される線形写像は例 2 で扱った．そのとき，x 軸上の点 $(1, 0)$ と y 軸上の点 $(0, 1)$ はそれぞれ $(1, 2)$，$(4, -1)$ に移ることを確かめた．線形写像で原点 $(0, 0)$ は必ず原点に移るので，x 軸は原点と点 $(1, 2)$ を通る直線である $y=2x$ に移り，y 軸は原点と点 $(4, -1)$ を通る直線 $y=-\frac{1}{4}x$ に移るので，この問題の条件はみたしていない．この問題では，ある直線 $y=kx$ の上の点がすべて，同じ直線 $y=kx$ の上に移るのである．こういう直線をこの**線形写像で不変な直線**

ともいう．そういう直線がどこにあり，いくつあるのか具体的に探してみよう．

［解答］

行列Aで表される線形写像で不変な直線の方程式を

$$y = kx$$

とおくと，この直線上の点の座標は

$$(x,\ kx)$$

とおくことができる．この点が移される先を，行列Aをかけて求めると

$$\begin{pmatrix} x' \\ y' \end{pmatrix} = \begin{pmatrix} 1 & 4 \\ 2 & -1 \end{pmatrix} \begin{pmatrix} x \\ kx \end{pmatrix} = \begin{pmatrix} x+4kx \\ 2x-kx \end{pmatrix}$$

となる．ここから得られる$(x',\ y')$も

$$y' = kx'$$

となることから，

$$2x-kx = k(x+4kx)$$

が成り立つ．

したがって

$$(2-k)x = k(1+4k)x,$$

変形して，

$$(2-k)x = (k+4k^2)x.$$

kに関する2次式とxの積の形の方程式

$$(4k^2+2k-2)x = 0$$

が成り立つ．すべて2で割って，

$$(2k^2+k-1)x = 0$$

を解くと,

$$(2k-1)(k+1)x = 0$$

となる．$x=0$ は原点にあたるので，常に不変であり，k に関する 2 次方程式を解くと，$k=\frac{1}{2}, -1$ となる．

したがって求める直線の方程式は

$$y = \frac{1}{2}x \quad \text{と} \quad y = -x$$

となる．(解答終)

つまり，この 2 つの直線上の点はすべて，同じ直線上に移るのである．そこで，どんな風に移るのかも見てみよう．

まず $y=\frac{1}{2}x$ 上の点として，$(2, 1)$ を考えると，この点は行列 A で $(6, 3)$ に移る．より一般に点 $(2p, p)$ とおくと，その点は $(6p, 3p)$ となる．このようにかならず同じ直線上に移るだけでなく，もとの点の座標を 3 倍した座標の点に移っていることに注目してほしい．

さらに直線 $y=-x$ の上の点も見てみよう．こちらもまず点$(1, -1)$を考えると，行列 A で $(-3, 3)$ に移ることがわかる．同様に点 $(q, -q)$ は点 $(-3q, 3q)$ に移り，この場合は同じ直線上の -3 倍の点に移る．この特別な直線と，その直線上の点が移るときの倍率は後ほど触れる，固有ベクトル，固有値で説明できる．

この状況はいつも同じなのか，もう1つ別の問題を考えてみよう．

> 問題2
> 行列 $B=\begin{pmatrix}1 & 2\\ 2 & 4\end{pmatrix}$ で表される線形写像で不変な直線 $y=kx$ を求めよ．

[解答]

見た目はさきほどの問題1と同じである．不変な直線も同じように求まるので，点 (x, kx) の移る先の点が $y=kx$ の上にあるという条件式から得られる k に関する2次方程式は

$$(2k+1)(k-2)=0$$

となり，

$$k=-\frac{1}{2},\ 2$$

である．したがって求める直線の方程式は

$$y=-\frac{1}{2}x \quad と \quad y=2x$$

である．ここまでは問題1と何も違わない．さらにそれぞれの直線上の点がどこに移るかを見てみよう．

まず $y=2x$ について，点 $(1,2)$ は行列 B で点

$(5, 10)$ に移り，この直線上の点の座標はすべて5倍された座標に移る．ここまでも問題1と同じである．

さて，次に $y=-\frac{1}{2}x$ 上の点を $(2, -1)$ とおいて，行列 B で移すと原点 $(0, 0)$ になる．この直線上のほかの点もすべて原点 $(0, 0)$ に移る．これは先ほどの問題1とは異なる現象であるが，とりあえずすべて0倍された座標の点に移ると解釈しておこう．

実はさらに不思議なことがこの写像にはある．どんな点でもかまわないので点 (p, q) をこの線形写像で移すと点 $(p+2q, 2p+4q)$ となる．つまりどんな点も直線 $y=2x$ 上の点になっており，それ以外の点には移らないのである．（解答終）

問題1と問題2の違いはどこから来るのだろうか．その原理を述べるため，平面上の点を平面上に移す線形写像にはどんなものがあるか先にまとめておく．

写像 f を平面から平面への線形写像とするとき，次のいずれかが成り立つ．またこの写像を表す行列を $A=\begin{pmatrix} a & b \\ c & d \end{pmatrix}$ とする．

① 平面上の点 (x, y) は平面全体に移る．このとき $ad-bc \neq 0$ が成り立ち，A^{-1} が存在する．

② 平面上の点はすべて一直線上に移る．このとき

$ad-bc=0$ で逆行列は存在しない．
③ 平面上の点はすべて原点に移る．このとき行列 A の成分はすべて 0 の零行列である．

なお，ここで用いた $ad-bc$ は，行列 A の行列式と呼ばれ，$|A|$ で表される．

ここでもう一度，先の 2 つの問題を見直してみよう．

問題 1 は①の場合である．写像に対応している行列の行列式は

$$|A| = -1-8 = -9 \neq 0$$

であるから，逆行列も存在し，もとの xy 平面の写像による像は，xy 平面全体である．

問題 2 は②の場合である．平面上の点はすべて直線

$$y = 2x$$

に移る．B の行列式を計算すると

$$|B| = 4-4 = 0$$

であることも確かめられる．

以上より，2 次元平面上の線形写像は，①平面（2 次元），②直線（1 次元），③原点（0 次元）に移ることがわかる．より一般の線形代数では n 次元という変数が一般の場合を扱うが，2 次元の場合と同様に，n 次元からの線形写像で移る先は，n 次元から 0 次元まで $n+1$ 種類ある．

連立1次方程式

行列は線形写像を表す道具だが，さらに連立1次方程式を解くときに便利な道具でもある．すでに説明したように線形代数は1次方程式にしか使えないが，変数がたくさんあっても同じように解ける．では手始めに，2変数の連立1次方程式を解いてみよう．

> 問題3
> 次の連立1次方程式を解け．
>
> $$[\mathrm{I}]\quad \begin{cases} x+4y=3 & \cdots① \\ 2x-y=-3 & \cdots② \end{cases}$$

［解答その1］（中学生の解法）

(i)　②に①の−2倍を加える．

$$[\mathrm{II}]\quad \begin{cases} x+4y=3 & \cdots① \\ -9y=-9 & \cdots②' \end{cases}$$

(ii)　②′の両辺を−9で割る．

$$[\mathrm{III}]\quad \begin{cases} x+4y=3 & \cdots① \\ y=1 & \cdots②'' \end{cases}$$

(iii)　①に②″の−4倍を加える．

$$[\mathrm{IV}]\quad \begin{cases} x=-1 \\ y=1 \end{cases}$$

これで解けるので，あまり行列の必要性は感じないかもしれないが，次に行列を使った解き方を示そう．な

お，ここまでに出てきた[I]から[IV]の式はすべて同じ解を持つ方程式である．（解答終）

[解答その2]（行列を使った解法）

まず与えられた連立1次方程式を行列表示すると[I]は $\begin{pmatrix} 1 & 4 \\ 2 & -1 \end{pmatrix}\begin{pmatrix} x \\ y \end{pmatrix}=\begin{pmatrix} 3 \\ -3 \end{pmatrix}$ と書ける．このとき $\begin{pmatrix} 1 & 4 & 3 \\ 2 & -1 & -3 \end{pmatrix}$ なる係数行列を取り出す．

(i)′ 第2行に第1行の -2 倍を加えると，次が得られる．

$$[\mathrm{II}] \quad \begin{pmatrix} 1 & 4 & 3 \\ 0 & -9 & -9 \end{pmatrix}$$

(ii)′ 第2行を-9で割る．

$$[\mathrm{III}] \quad \begin{pmatrix} 1 & 4 & 3 \\ 0 & 1 & 1 \end{pmatrix}$$

(iii)′ 第1行に第2行の -4 倍を加えると

$$[\mathrm{IV}] \quad \begin{pmatrix} 1 & 0 & -1 \\ 0 & 1 & 1 \end{pmatrix}$$

これをもとの式に戻すと $\begin{pmatrix} 1 & 0 \\ 0 & 1 \end{pmatrix}\begin{pmatrix} x \\ y \end{pmatrix}=\begin{pmatrix} -1 \\ 1 \end{pmatrix}$ となる．左辺の行列が単位行列になっていることがポイントで，ちゃんと $x=-1$，$y=1$ という解を与えている．（解答終）

ここでこの連立1次方程式の意味をコメントしておこう．行列表示した式に注目したほうがわかりやすいかもしれないが，これは例3や問題1で扱った行列 A

を用いた．この行列Aに対応する線形写像で点$(3, -3)$に移る点の座標を求めよという問題である．行列Aは平面全体を平面全体に移す線形写像に対応していたので，そのもとの点の座標が$(-1, 1)$と求まったのである．

行列の基本変形

2つの解法を書いたが，ほぼ同じ作業をしていることは明らかだろう．解答その2の操作(i)′から(iii)′はいずれも行列の基本変形と呼ばれる操作である．どんな操作があるのか見ていこう．

正確には連立1次方程式に用いるのは「行列の行に関する基本変形」である．列に関する基本変形も同様に定義できるがここでは用いないので省略する．

定義

行列の行に関する基本変形は以下の3つである．

1. 2つの行を入れ替える．
2. ある行に0でない数をかける．（先ほどの(ii)′）
3. ある行に，ほかの行の定数倍を加える．((i)′と(iii)′)

それではさらにもう一題，次の連立1次方程式を行列の基本変形で解いてみよう．

> 問題 4
> 次の連立 1 次方程式を解け．
> $$\begin{cases} x+2y=5 \\ 2x+4y=10 \end{cases}$$

[解答]

この連立方程式を行列を用いて書き直すと次のようになる．

$$\begin{pmatrix} 1 & 2 \\ 2 & 4 \end{pmatrix}\begin{pmatrix} x \\ y \end{pmatrix} = \begin{pmatrix} 5 \\ 10 \end{pmatrix}$$

この左辺に現れる行列は，問題 2 に登場した行列である．

その係数行列は

$$\begin{pmatrix} 1 & 2 & 5 \\ 2 & 4 & 10 \end{pmatrix}$$

となる．

この行列の第 2 行に第 1 行の -2 倍を加えると，次が得られる．

$$\begin{pmatrix} 1 & 2 & 5 \\ 0 & 0 & 0 \end{pmatrix}$$

ここで 2 行目がすべて 0 になり，1 行目の式だけがのこった．つまり $x+2y=5$ をみたす点すべてが，この連立1次方程式の解となる．このままでは見にくいので，$x=t$ とおくと，$t+2y=5$ より $y=-\frac{1}{2}(t-5)$ と t のみで x と y を書き表すことができる．このとき t を**パラメータ**と呼び，t にはいろいろな数が入る．それに応じて，x と y の値も変化する．この場合，連立1次方程式の解は

$$\begin{cases} x = t \\ y = -\frac{1}{2}(t-5) \end{cases} \quad (t \text{ は任意の実数})$$

となる．（解答終）

さて，この式は問題3とは異なることがおきている．中学校の連立方程式では問題3のように解は1つに定まるものばかりだったが，本当はもっと異なる場合があったのである．問題2では，行列 B に対応する線形写像では，平面上の点が，直線 $y=2x$ 上に移ることをみた．その直線上の点 $(5, 10)$ に移る点は無数にあり，その点を表したのがこの問題4の解答なのである．つまりこのような連立1次方程式も，行列を使って解くことができるのである．

行列を用いた連立1次方程式の解法

どんな連立1次方程式もいつも

$$A\begin{pmatrix} x \\ y \end{pmatrix} = \begin{pmatrix} p \\ q \end{pmatrix} \qquad \cdots(*)$$

と書ける．このとき，係数行列の行に関する基本変形で方程式を解くことができることを問題3と問題4で見たが，特別な場合のみ，ほかにも解法があることをここにまとめておく．

・行に関する基本変形を用いた解法

問題3のように，行に関する基本変形により

$$\begin{pmatrix}1&0\\0&1\end{pmatrix}\begin{pmatrix}x\\y\end{pmatrix}=\begin{pmatrix}s\\t\end{pmatrix}$$

という形になれば，その解は

$$x=s,\quad y=t$$

になる．しかしそうならない問題4のような場合も行列の基本変形でxとyをパラメータで表した解として表すことができる．

・逆行列を用いた解法

行列Aが正則行列のとき，つまり行列式$|A|\neq 0$のとき行列Aには逆行列A^{-1}が存在する．したがって，(＊)の両辺に左からAの逆行列をかけると

$$A^{-1}A=E\ (\text{単位行列})$$

であるから，

$$A^{-1}A\begin{pmatrix}x\\y\end{pmatrix}=\begin{pmatrix}x\\y\end{pmatrix}=A^{-1}\begin{pmatrix}p\\q\end{pmatrix}$$

で解が得られる．

先の問題3はこの方法が使えるが，問題4は逆行列

A^{-1} が存在しないので，使えないことに注意しよう．

ここでは A が 2 行 2 列の場合だけを説明したが，より一般に A が n 行 m 列の時も行列の行に関する基本変形で連立 1 次方程式も同様に解ける．

特別な連立 1 次方程式

$$A\begin{pmatrix}x\\y\end{pmatrix}=\begin{pmatrix}0\\0\end{pmatrix}$$

という形の連立 1 次方程式もある．原点に移る点を求めよという問題である．すでに問題 2 で見たように，行列 A は**零行列**（成分がすべて 0 の行列）でなくても，原点に移ることがある．そこで，この連立 1 次方程式に関しては次が成り立つことを述べておく．

> 定理
> 連立 1 次方程式 $A\begin{pmatrix}x\\y\end{pmatrix}=\begin{pmatrix}0\\0\end{pmatrix}$ が自明でない解を持つのは，A の行列式 $|A|=0$ のときに限る．

自明な解というのは $(x, y)=(0, 0)$ である．この点はどんな線形写像で移しても原点に移るので，つねにこの連立 1 次方程式の解の 1 つである．それ以外に解があるのは $|A|=0$ のとき，つまり，平面上の点が平面全体に移らず，1 本の直線や原点に移るときだけな

のである．

固有値と固有ベクトル

さて，少し話が戻るが，問題1と問題2である直線上の点が，定数倍の点に移る現象が見られた．これらは行列の固有値と固有ベクトルで説明できる．まず，その定義をしよう．

> 定義
> 行列 A で平面上のある点 (p, q) を移したとき，もとの点の定数倍（λ 倍）になることがある．このとき，原点と点 (p, q) を結んでできるベクトルを**固有ベクトル**，λ を**固有値**と呼ぶ．

つまり固有ベクトルは，線形写像で不変な直線の傾きを表すベクトルであるので，問題1の場合は固有ベクトル $(2, 1)$ の固有値は3，固有ベクトル $(1, -1)$ の固有値は -3 である．また問題2の場合，固有ベクトル $(1, 2)$ の固有値は5であり，固有ベクトル $(2, -1)$ の固有値は0である．

ではここで，固有値，固有ベクトルの求め方を説明しておこう．

例 5

問題 1 の行列 $A=\begin{pmatrix}1 & 4\\ 2 & -1\end{pmatrix}$ の場合で計算してみる．線形写像で不変な直線の傾きを与える固有ベクトルを $\begin{pmatrix}x\\ y\end{pmatrix}$ とし，その固有値を λ とする．このとき次の式が成り立つ．

$$\begin{pmatrix}1 & 4\\ 2 & -1\end{pmatrix}\begin{pmatrix}x\\ y\end{pmatrix}=\begin{pmatrix}\lambda x\\ \lambda y\end{pmatrix}$$

$$\Leftrightarrow \begin{cases} x+4y=\lambda x\\ 2x-y=\lambda y\end{cases}$$

$$\Leftrightarrow \begin{cases} (\lambda-1)x-4y=0\\ -2x+(\lambda+1)y=0\end{cases}$$

$$\Leftrightarrow \begin{pmatrix}\lambda-1 & -4\\ -2 & \lambda+1\end{pmatrix}\begin{pmatrix}x\\ y\end{pmatrix}=\begin{pmatrix}0\\ 0\end{pmatrix}$$

ここで，$Q=\begin{pmatrix}\lambda-1 & -4\\ -2 & \lambda+1\end{pmatrix}$ とおこう．

これは，x と y にある値を入れたときに，行列 Q に対応する線形写像で原点に移ることを示している．つまりさきほどの定理の場合であるので，行列 Q の行列式 $|Q|$ は 0 でなくてはならない．したがって，

$$\begin{aligned}|Q|&=\begin{vmatrix}\lambda-1 & -4\\ -2 & \lambda+1\end{vmatrix}\\ &=(\lambda-1)(\lambda+1)-(-4)(-2)\\ &=\lambda^2-9\\ &=(\lambda+3)(\lambda-3)\end{aligned}$$

より $\lambda=3,\ -3$ が求まる．

さらにそれぞれの固有値に対応する固有ベクトルは，

λに3または-3を代入して，

$$\begin{pmatrix}2\\1\end{pmatrix}\text{の定数倍}\ \left(y=\frac{1}{2}x\text{の傾き}\right)\text{と}$$

$$\begin{pmatrix}1\\-1\end{pmatrix}\text{の定数倍}\ (y=-x\text{の傾き})$$

が得られる．

次に行列の累乗の計算例を2変数の場合で解説して，この章を終わろう．

行列 A の累乗

行列Aの**累乗**とは，行列Aを何度もかけ合わせたものである．行列Aに対応する写像をなんども繰り返したときにどうなるかがわかる．これは本章冒頭の応用(4)に書いたインターネット検索で得られる順位を求めるときに，ウェブページからのリンクは多くの人が通ることから，リンクに関する行列を何度もかけるというように解釈して計算するというときにも使われている．

次の例では対角行列というものを用いて累乗を計算するが，一般には対角行列にできない場合もあり，その一般化であるジョルダン標準形という行列を用いて計算する．いずれにしても固有値や固有ベクトルの計算から得られる．

例 6

では，実際に，先に利用した行列 $A=\begin{pmatrix}1 & 4\\ 2 & -1\end{pmatrix}$ の累乗 A^n を求める流れを述べよう．

ステップ 1

行列 A の固有値は 3 と -3 であり，それぞれの固有ベクトルは $\begin{pmatrix}2\\ 1\end{pmatrix}$ と $\begin{pmatrix}1\\ -1\end{pmatrix}$ であることがわかっている．

これより

$$\begin{pmatrix}1 & 4\\ 2 & -1\end{pmatrix}\begin{pmatrix}2\\ 1\end{pmatrix} = 3\begin{pmatrix}2\\ 1\end{pmatrix},$$

$$\begin{pmatrix}1 & 4\\ 2 & -1\end{pmatrix}\begin{pmatrix}1\\ -1\end{pmatrix} = -3\begin{pmatrix}1\\ -1\end{pmatrix}$$

をみたす．(**)

ステップ 2

(**)より　行列 $P=\begin{pmatrix}2 & 1\\ 1 & -1\end{pmatrix}$ とおくと，

$$AP = \begin{pmatrix}2 & 1\\ 1 & -1\end{pmatrix}\begin{pmatrix}3 & 0\\ 0 & -3\end{pmatrix}$$

である．つまり

$$AP = P\begin{pmatrix}3 & 0\\ 0 & -3\end{pmatrix}$$

が成り立つ．この両辺に P^{-1} を左からかけると

$$P^{-1}AP = \begin{pmatrix}3 & 0\\ 0 & -3\end{pmatrix}$$

となり，この形にすることが次のステップで役に立つ．

ちなみにこの形にすることを**対角化**といい，$\begin{pmatrix} s & 0 \\ 0 & t \end{pmatrix}$ のような行列を**対角行列**とよぶ．

ステップ3

$$(P^{-1}AP)^n = \begin{pmatrix} 3 & 0 \\ 0 & -3 \end{pmatrix}^n = \begin{pmatrix} 3^n & 0 \\ 0 & (-3)^n \end{pmatrix}$$

である．これは実際に計算してみるとわかるが，対角行列はとても計算が簡単な行列である．

さらに，

$$(P^{-1}AP)^n = P^{-1}AP \cdot P^{-1}AP \cdot \cdots \cdot P^{-1}AP = P^{-1}A^nP$$

となることを用いると，

$$P^{-1}A^nP = \begin{pmatrix} 3^n & 0 \\ 0 & (-3)^n \end{pmatrix}$$

であるから

$$A^n = P\begin{pmatrix} 3^n & 0 \\ 0 & (-3)^n \end{pmatrix}P^{-1}$$

となる．

この先の具体的な計算は，P や P^{-1} を代入すればよい．

5 群と行列を使った特異点のはなし

オイラーの偉業

この章では，群と行列が登場する数学研究の現場を少し見てみよう．まずはそのために，現代の数学者たちが研究している数学につながっている18世紀の偉大な数学者レオンハルト・オイラー(1707-1783)の美しい定理を1つ紹介する．彼は，物理学にも貢献しているが，数学では史上最多かつ総ページ数も最長の論文を書いた人と言われているほど業績も多い．まず身近かな例として三角比の角度を一般角にして，どんな角度にも対応する三角比として，三角関数を定義した．このように特別な場合(ここでは0度から360度の三角比)を一般の場合(どんな角度にも対応する三角関数)に議論を拡張する手法を数学では**一般化**と呼び，現代数学ではよく用いられる．

またオイラーは，位相幾何学への貢献も大きい．位相幾何学に関しては1章でゴムでできた図形の幾何学として触れたが，距離や角度が大事なユークリッド幾何学とは異なるので，非ユークリッド幾何学と呼ばれる．オイラーの名前がついた数学の定理も多いが，ここではオイラー数を紹介しよう．

定理(オイラーの多面体定理)

穴の開いていない凸多面体の頂点，辺，面の数に関して，次の等式が成り立つ．

頂点の数－辺の数＋面の数 ＝ 2

多面体とはたくさんの面を貼り合わせてできた立体であり，凸多面体というのは，へこみのない多面体である．この2という数はオイラー数と呼ばれ，図形の位相不変量である．1章で紹介した位相不変量は種数(穴の数)であったが，オイラー数＝2－2×種数である．より一般の(つまり穴の開いた)多面体に対しても同様の主張が成り立つ．

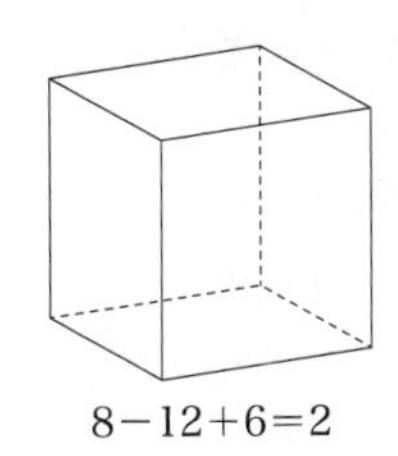

8−12+6=2

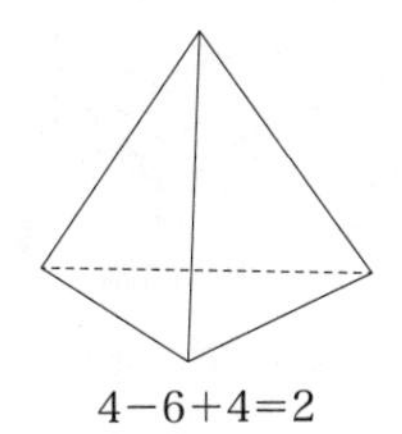

4−6+4=2

正多面体

では，まずは正多面体の分類に挑戦しよう．正多面体とは，すべての面が正 n 角形の同じ形をしている凸多面体で，全部で5種類あり，プラトンの正多面体とも呼ばれることは3章の初めに述べた．そこで，なぜ5種類だとわかるのかを，まず考える．この証明にはいろいろな方法があるが，そのうちの1つを紹介する．

定理　正多面体は全部で5種類ある.

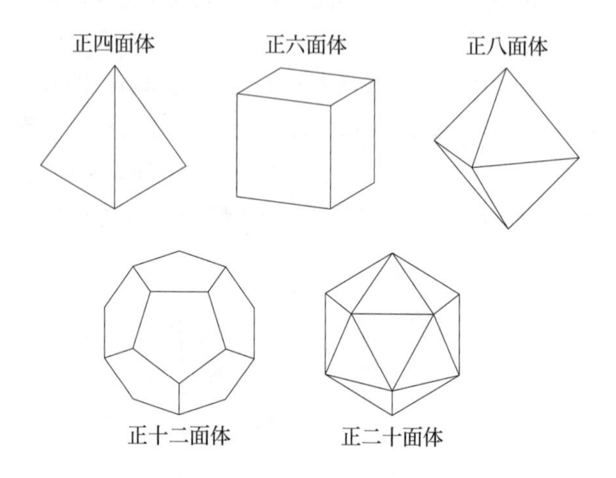

ステップ1

まず，正多面体の1つの面に注目すると，正 n 角形である．その1つの内角は，正三角形なら60度，正方形なら90度，とすぐにわかるが，一般に正 n 角形のときは何度だろうか？ 今は平面上の正 n 角形を用いているので，三角形の内角の和がいつも180度になることが使える．正 n 角形の頂点を用いて，$n-2$ 個の三角形に分割できる．つまり正方形なら2つに，正五角形なら3つに，正六角形なら4つに分かれる．したがって，正 n 角形のすべての内角の和は，

$180\times(n-2)$度になる．

これより1つの内角は$\dfrac{180(n-2)}{n}$度になる．ただし$n\geqq3$である．

これを用いると，正三角形は60度，正方形は90度，正五角形は108度，正六角形は120度ということがわかる．とりあえず，このくらいまで求めておこう．

ステップ2

次に，正多面体の1つの頂点に注目する．1つの頂点にはいくつかの正n角形の頂点が集まっているので，その数をk個とする．さらにその正n角形の内角をα度とすると，その頂点の周りの角度は$k\times\alpha$度になっている．このとき，たくさんの面を貼り合わせたとき，立体になるためには，頂点の周りの角度は，360度以下でなくてはならない．したがって

$$k\times\alpha<360 \quad (*)$$

となる．また，立体になるためには，1つの頂点に集まる正n角形の数は3つ以上必要であるから，$k\geqq3$であることに注意して，どんな可能性があるか見ていこう．

正三角形の場合

$\alpha=60$度であるから，

$k=3$ のときは $3\times 60=180<360$,

$k=4$ のときは $4\times 60=240<360$,

$k=5$ のときは $5\times 60=300<360$

であり上記の条件(＊)をみたす．しかし $k=6$ にすると $6\times 60=360$ となり(＊)をみたさない．したがって，$k=3, 4, 5$ の可能性がある．

正方形の場合

$\alpha=90$ 度であるから，

$k=3$ のときは $3\times 90=270<360$

であるが，

$k=4$ のときは $4\times 90=360$

となり(＊)をみたさないので，$k=3$ のときのみ可能である．

正五角形の場合

$\alpha=108$ 度である．$k=3$ のときは $3\times 108=324<360$ であり，(＊)をみたすのはこれだけである．

正六角形の場合

$\alpha=120$ 度であり，$k=3$ のとき $3\times 120=360$ 度となり，条件(＊)をみたさないので，正多面体の面にはなりえない．

これよりも頂点の多い正 n 角形は，1つの頂点の内角が120度よりも大きくなるので，正多面体の面にはなりえないこともわかる．

以上より，正三角形が3, 4, 5個の場合，正方形が3個の場合，正五角形が3個の場合の5通りだけである．

注意　ステップ2の部分は$\alpha=\dfrac{180(n-2)}{n}$を$(*)$に代入して，

$$k\times 180\times\frac{(n-2)}{n} < 360$$
$$k(n-2) < 2n$$
$$kn-2k-2n < 0$$
$$(k-2)(n-2)-4 < 0$$
$$(k-2)(n-2) < 4$$

ただし，$k\geqq 3$，$n\geqq 3$をみたす整数k, nを求める，という形にもできる．この解は

$$(k, n) = (3, 3), (3, 4), (3, 5), (4, 3), (5, 3)$$

である．

ステップ3

それでは，ここでこの章の冒頭に登場したオイラーの多面体定理を用いて，それぞれの正多面体の面の数も求めてみよう．

まず一般に凸多面体に対して成り立つオイラーの多面体定理の条件式は

$$頂点の数 - 辺の数 + 面の数 = 2$$

であった．それぞれ頂点の数をV，辺の数をE，面の数をSとすると，最終的に求めたい数はSである．まずSを用いて，VとEの数を表してみよう．

正n角形の面がS個からなる正多面体を考えると，全体の頂点の数Vは，1つの面にn個の頂点があり，それぞれの頂点をk個の面が共有している場合，

$$V = \frac{n \times S}{k}$$

になる．また，この正多面体の辺の数の合計Eは，1つの辺を2つの面が共有しているので，

$$E = \frac{n \times S}{2}$$

が成り立つ．このV, Eを再び，オイラーの多面体定理に代入すると

$$V - E + S = \frac{n \times S}{k} - \frac{n \times S}{2} + S = 2$$

が成り立つ．つまり

$$\{(2-k)n + 2k\}S = 4k$$

したがって，

$$S = \frac{4k}{(2-k)n + 2k}$$

にkとnの値を代入すると，多面体の面の数Sが出てくるはずである．

では，ステップ2で求めたk, nを具体的に代入してみよう．

① 3つの正三角形が頂点に集まっている場合，

$k=3$，$n=3$であるから

$$S=\frac{4k}{(2-k)n+2k}=\frac{4\times3}{(2-3)\times3+2\times3}=\frac{12}{3}=4$$

となり，正四面体である．

② 4つの正三角形が頂点に集まっている場合，

$k=4$，$n=3$を代入すると

$$S=\frac{4k}{(2-k)n+2k}=\frac{4\times4}{(2-4)\times3+2\times4}=\frac{16}{2}=8$$

となり，正八面体である．

③ 5つの正三角形が頂点に集まっている場合は，

$k=5$，$n=3$であるから，

$$S=\frac{4k}{(2-k)n+2k}=\frac{4\times5}{(2-5)\times3+2\times5}=\frac{20}{1}=20$$

となるので，正二十面体である．

④ 3つの正方形が頂点に集まっている場合は，

$k=3$，$n=4$を代入して，

$$S=\frac{4k}{(2-k)n+2k}=\frac{4\times3}{(2-3)\times4+2\times3}=\frac{12}{2}=6$$

より，正六面体．つまり立方体である．

⑤ 3つの正五角形が頂点に集まっている場合，

$k=3$，$n=5$ を代入して，

$$S=\frac{4k}{(2-k)n+2k}=\frac{4\times 3}{(2-3)\times 5+2\times 3}=\frac{12}{1}=12$$

となり，正十二面体である．

以上より，正多面体は，正四面体，立方体，正八面体，正十二面体，正二十面体の5種類である．（証明終）

ようやく正多面体の分類が完成した！ いろいろな定理を駆使して，証明し，分類をするという感覚が少しは伝わっただろうか．さらに，この正多面体の頂点，辺，面の数を一覧表にしておくので，上の V や E の式に代入して，正しいかどうかを確かめてみてほしい．

	面の形	頂点の数 V	辺の数 E	面の数 S	オイラー数
正四面体	正三角形	4	6	4	2
立方体	正方形	8	12	6	2
正八面体	正三角形	6	12	8	2
正十二面体	正五角形	20	30	12	2
正二十面体	正三角形	12	30	20	2

正多面体群

3章では，家紋を自分自身に移す合同変換について解説したが，ここでは，正多面体を自分自身に移す合同変換に対応する群を考えてみよう．家紋は2次元平面上の対称移動だったが，正多面体は3次元空間で動かすので複雑そうに感じるかもしれない．しかし正多面体はいろんな対称性をもっていて，すべて同様に扱えるので，まずそれを見ておこう．

考え方1：1つの頂点の周りでの回転に注目する方法

1つの頂点に集まる辺の数を k とし，多面体の頂点の総数を V とすると，正多面体の合同変換の総数は $k \times V$ である．

考え方2：1つの面の周りでの回転に注目する方法

1つの面に注目し，その面に集まる面の数を n とし，面の総数を S とすると，正多面体の合同変換の総数は $n \times S$ になる．

それでは，それぞれの正多面体について，その合同変換がいくつあるか見てみよう．

正四面体の場合

考え方1で数えてみる．1つの頂点に集まる辺の数は3で，その周りに回転する方法は，動かさない，右に1つ回す，左に1つ回す，の3通りである．さらに，その頂点をほかの頂点に移す移し方は，頂点の数だけあるので4通りである．したがって，全部で3×4＝12通りの合同変換がある．

考え方2は1つの面に注目するが，そのとき面の裏側に頂点があるので，同じ動きになるから，考え方1と同じである．

立方体の場合

考え方1を用いると，1つの頂点に3つの辺があり，その回転は3通りで，頂点が全部で8つあるので，合同変換は3×8＝24である．

考え方2を用いると，1つの面に4つの面が接していて，それを回転する方法は4通りである．その面をほかの面に移す移し方は面の数の6通りであり，立方体の合同変換は4×6＝24個ある．

正八面体の場合

考え方1では，1つの頂点の周りの辺の数$k=4$，その頂点をほかの頂点に移す移し方は頂点の総数$V=6$で，4×6＝24個の合同変換が得られる．

考え方2では，1つの面は正三角形なのでまわりの面の数は$n=3$で，その面をほかの面に移す移し方は面の総数$S=8$で，3×8＝24個の合同変換がある．

さて，ここで何か不思議な関係に気付いた読者もいるだろう．立方体と正八面体はどちらも24通りの合同変換を持っている．これはただ数が同じというだけではない．考え方1と考え方2の式に注目してほしいが，この2つが入れ替わっている．実は立方体と正八面体には双対（そうつい）という関係がある．頂点，辺，面の数に注目すると，辺の数は等しくどちらも12本であるが，頂点と面の数が入れ替わっている．この関係は，立方体の各面の重心をすべて線分でつなぐと正八面体が得られ，逆に正八面体の各面の重心をすべて線分でつなぐと立方体が得られるので，立方体を自分自身に動かす動かし方と，正八面体を自分自身に動かす動かし方は同じなのである．つまり2つの図形は異なる形をしているが，合同変換としては同じなのである．つまり，合同変換群が同じ．より正確には2つの合同変換群は群として同型という．

正十二面体の場合

考え方1で合同変換を見ると，頂点に集まる辺の数は3，頂点の総数は20なので，合同変換は全部で$3 \times 20 = 60$個もある．

一方，考え方2で考えると，1つの面は正五角形なので，1つの面のまわりの面は5つ，面の総数は12であるから，合同変換の総数は$5 \times 12 = 60$である．

正二十面体の場合

考え方1では，頂点に集まる辺の数は5，頂点の総数は12なので，合同変換の総数は5×12=60である．

また考え方2で見ると，面の形は正三角形なので，そのまわりの面の数は3，面の総数は20であるから，合同変換はぜんぶで3×20=60個ある．

正十二面体と正二十面体も双対であり，これらの合同変換群も同型である．実はこの群は5次方程式の解法とも関係している群である．詳しくはガロア理論に関する本を参照してほしい．

以上より，正多面体は全部で5種類あったが，正多面体の合同変換に対応する群（正多面体群）は全部で3種類しかないことがわかった．家紋の合同変換のときと同様に，見た目が異なっても群としては同じになることがあり，対称性にだけ注目すると構造が単純化されて分類されることが実感できただろう．

3次元回転群の有限部分群

3次元の回転群SO(3)とは3次元空間内で，原点を中心とした距離を変えない線形写像全体である．その性質をみたす行列は無限個あるが，そのうち有限群となるものを取り出したのが有限部分群である．家紋の合同変換に現れた巡回群と二面体群，さらに3つの正多面体群(正四面体群，正八面体群，正二十面体群)は，すべて原点からの距離を変えない変換を与える有限群であり，これ以外には存在しないことが知られている．

特異点

さて，そろそろ特異点を紹介しよう．特異点というのはまわりとちがって尖ったり，自分自身と交わったりしている部分である．わかりやすい例としては，円錐の頂点のようなところである．それ以外は滑らかだが，頂点のところだけ尖っていて触ったら痛そうである．これを数学的に定義すると，次のようになる．

定義

方程式 $f(x_1, x_2, ..., x_n)=0$ で定義される図形の点 $(a_1, a_2, ..., a_n)$ が**特異点**であるとは，次の式をみたすことである．

$$f(a_1, a_2, ..., a_n) = 0 \quad \cdots ①$$

$$\frac{\partial f}{\partial x_i}(a_1, a_2, ..., a_n) = 0 \quad (i=1, ..., n) \quad \cdots ②$$

ちなみに①の式は，方程式 $f(x_1, x_2, ..., x_n)=0$ で定義される図形の中に入っているという条件である．

ただし $f(x_1, x_2, ..., x_n)$ は，n 個の変数 $x_1, x_2, ..., x_n$

の多項式とする．また$\dfrac{\partial f}{\partial x_i}$とは，この多項式$f(x_1, x_2, \ldots, x_n)$を$x_i$で偏微分するという記号である．$x_i$で偏微分するとは，$x_i$以外はすべて定数とみなして$x_i$のみの関数として$x_i$で微分することである．またここでは，$x^a$を$x$で微分すると$ax^{a-1}$となることだけを使うことにする．

この$f(x_1, x_2, \ldots, x_n)=0$で定義される図形，というのが，わかりにくいと思うので，まず変数が2つの具体例を見てみよう．

例題1
次の2つの曲線の特異点を求めよ．
(1)　$f(x, y) = x^3-y^2 = 0$
(2)　$f(x, y) = x^2+x^3-y^2 = 0$

(1)の場合，特異点の定義に必要な②にあたる式をまず求めると，

$$\frac{\partial f}{\partial x}(x, y) = 3x^2 = 0 \text{ より} \quad x = 0,$$

$$\frac{\partial f}{\partial y}(x, y) = -2y = 0 \text{ より} \quad y = 0$$

であるから，$(a_1, a_2)=(0, 0)$とすると，①の

$$f(0, 0) = 0$$

も成り立つ.

したがって，この曲線の特異点は原点 $(0,0)$ にある．実際にこの曲線のグラフを描くと，次のようになり，原点だけ尖っていることがわかる．このような特異点を**カスプ特異点**(尖点)と呼ぶ.

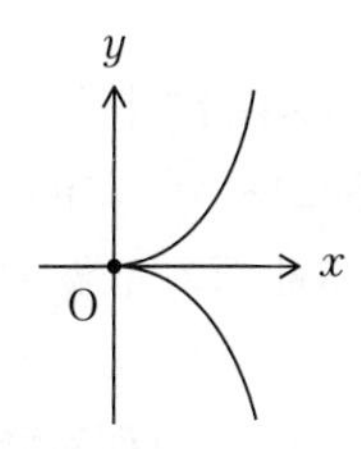

次に(2)の場合を考えてみよう．まず偏微分の関係式②を見てみると

$$\frac{\partial f}{\partial x}(x,y) = 2x+3x^2 = 0 \text{ より } x=0,\ \ -\frac{2}{3},$$

$$\frac{\partial f}{\partial y}(x,y) = -2y = 0 \text{ より } y=0$$

となり，$(0,0)$ および $(-\frac{2}{3},0)$ を $x^2+x^3-y^2=0$ に代入すると，$(0,0)$ のみ成立する.

したがって，この場合も原点 $(0,0)$ のみに特異点がある．実際の曲線は次ページの図のようになり，曲線が交差しているところが特異点であり，この点だけ接線が2本引ける．この特異点は**ノード特異点**(結節点)と呼ばれる.

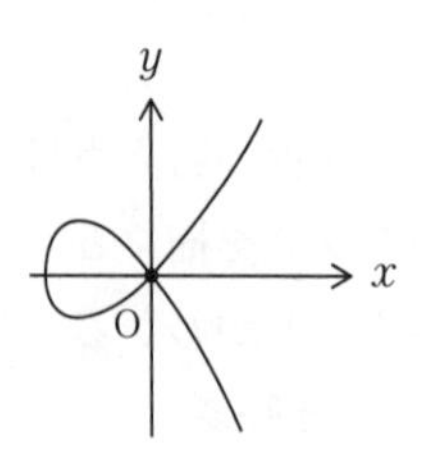

いま，変数が2つの場合で特異点を探したが，変数が増えても同じように特異点は定義でき，例えば下の写真(筆者撮影)にある曲面の先端も特異点である．これは，現在名古屋駅前に建っている「飛翔」という作品であり，特異点の説明には便利である．特に物理学者向けに講演するときは，「ビッグバンやブラックホールのようなもの」と言うとよく理解してもらえる．近々名古屋駅前から撤去される予定だったが，他の場所に移設され保存されることになったらしい．

特異点を作る

折り紙を半分に折ったとき，ほとんどの部分は2枚重ねであるが，折り目の部分だけは1枚である．さらに正方形になるように折ると，尖った角ができる．これも特異点であり，そのまわりには4枚の同じ大きさの正方形が重なっていて，角だけは1枚である．

この方法と同じように，ある大きな空間を群が持っている対称性で折り曲げると特異点が出来上がる．この操作を数学では**群で割る**といい，割り算が商と呼ばれるように，出来上がった特異点は**商特異点**と呼ばれる．

実際に商特異点を作ってみよう．まず複素2次元空間を2次の巡回群 G で割ってみよう．ここで複素空間と呼んでいるのは，変数を複素数として考えるということである．2次の巡回群というのは，元が2つしかなく，単位元 e と，もう1つの元 a のみである．このままでは2次元の空間を割るのが難しいので，この群を2次元の空間上の写像になるようにしたい．そこで2行2列の行列で表される線形写像を用いる．具体的には群 G の元を

$$e = \begin{pmatrix} 1 & 0 \\ 0 & 1 \end{pmatrix}, \quad a = \begin{pmatrix} -1 & 0 \\ 0 & -1 \end{pmatrix}$$

とおくと，$a^2=e$ が成り立つ．このように群を行列で表示することを**群の表現**とよぶ．

また2次元の空間の座標を (x, y) とすると行列 e では座標は変わらないが，行列 a をかけると x は $-x$ に，y は $-y$ に移されてしまう．そこでこの群の影響を全く受けない式(不変式)のうちできるだけ次数が小さいものを探してみると，x^2, y^2, xy，という3つの不変式が得られる．この3つの式をそれぞれ，$X=x^2$，$Y=y^2$，$Z=xy$ とおくと，これらの間には $XY=Z^2$ という関係式が得られる．実はこの関係式が，群で割った空間を定めている方程式なのである．

ただし，$XY=Z^2$ という式の変数 X, Y, Z を標準形にすると，$A^2+B^2+C^2=0$ とできる．

いま変数 X, Y, Z は複素数で考えているので，この標準形は $X=(A+iB)$，$Y=(A-iB)$，$Z=iC$ と座標を置き換える変換で得られる．

さて，いま得られた曲面の特異点を見てみよう．見やすくするため3つの変数 A, B, C を x, y, z に置き換えて考える．つまり定義方程式は

$$f(x, y, z)=x^2+y^2+z^2=0$$

である．この場合も，特異点の定義を用いて，特異点を探せばいいのだ．

まず偏微分に関する関係式は

$$\frac{\partial f}{\partial x}(x, y, z) = 2x = 0 \text{ より } x = 0,$$

$$\frac{\partial f}{\partial y}(x, y, z) = 2y = 0 \text{ より } y = 0,$$

$$\frac{\partial f}{\partial z}(x, y, z) = 2z = 0 \text{ より } z = 0.$$

原点$(0, 0, 0)$だけがすべてをみたす．また$f(0, 0, 0) = 0 + 0 + 0 = 0$となるので，この原点のみがこの曲面の特異点になっている．その図を実数の部分だけに限って描くと下の図のように原点から上下に広がった円錐面になり，中心が原点$(0, 0, 0)$であり，ここだけが尖っていることがわかる．この特異点はA_1型特異点と呼ばれる．

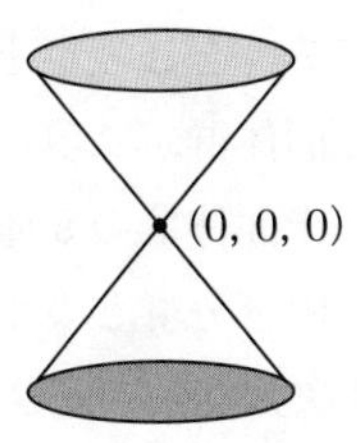

いま，2次の巡回群で割ってできる商特異点を求めたが，これをn次の巡回群の場合にも同様に考えると，$f(x, y, z) = x^2 + y^2 + z^n = 0$となり，やはり特異点は原点$(0, 0, 0)$のみである．この特異点は$A_{n-1}$型特異点と呼ばれる．

2次元特殊線形群の有限部分群

いきなり知らない言葉が並んで驚いたかもしれないが，そんなに難しいものではない．まず特殊線形群というのは，行列式が1の行列全体である．そして2次なので，2行2列の行列で行列式が1のもの全体である．これを SL(2, ℂ) と書くことも多い．つまり

$$\mathrm{SL}(2,\mathbb{C})=\left\{A=\begin{pmatrix}a & b\\ c & d\end{pmatrix}\ \middle|\ |A|=ad-bc=1\text{ をみたす}\right\}$$

である．ただし，ここでℂとついているのは成分が複素数という意味である．つまり，$a, b, c, d \in \mathbb{C}$ である．

2次の特殊線形群は無数の行列がその元として含まれるので無限群である．ところがその中にある有限群は，巡回群，二項二面体群，二項正四面体群，二項正八面体群，二項正二十面体群の5種類だけである．先の3次元回転群の有限部分群とよく似ている．二項とついているのは，3次元空間の写像を2次の行列で表現するために，1次元ぶん減らす時に少し形が変わるからである．

二項正多面体群による商特異点

先に，n 次の巡回群で割って，A_{n-1} 型特異点が得られることを示した．同じように二項二面体群，二項正四面体群，二項正八面体群，二項正二十面体群を

2行2列の行列表示に変えて，その変換で不変になるような式から得られる定義方程式は次のようになる．

二項二面体群：D_n 型特異点

$$f(x,y,z) = x^2+y^2z+z^{n-1} = 0 \quad (n \geqq 4)$$

二項正四面体群：E_6 型特異点

$$f(x,y,z) = x^2+y^3+z^4 = 0$$

二項正八面体群：E_7 型特異点

$$f(x,y,z) = x^2+y^3+yz^3 = 0$$

二項正二十面体群：E_8 型特異点

$$f(x,y,z) = x^2+y^3+z^5 = 0$$

これらはすべて原点 $(0,0,0)$ にのみ特異点を持っている．巡回群による A_n 型特異点と合わせた5種類の特異点は，いろんな分野の数学に登場するので，名前も多く，有理二重点，単純特異点，ADE特異点などたくさんある．

さて，ここになぜ，ADEという名前が出てくるのか．実は A_n, D_n, E_6, E_7, E_8 という名前は特異点とは全く関係ない表現論という分野で出てくる単純リー代数の名前である．その表現論と群の関係を1979年にジョン・マッカイという数学者が発見した．その後，上のような群と特異点の関係も結び付けて，群と特異点の間の関連性について1980年代に盛んに研究が進み，それを人々はマッカイ対応と呼んだ．では次にそのマッカイ対応の例を紹介しよう．

特異点解消

マッカイ対応について述べる前に，特異点解消について紹介する．文字通り，特異点をなくす操作であり，特異点解消でフィールズ賞を受賞した広中平祐氏のことばを借りると，ジェットコースターのレールの影には特異点があっても，上にあるレールは滑らかで特異点がない．この特異点のあるレールの影を，上にある特異点のないレールの状態にもどすことが**特異点解消**である．

まず，曲線の特異点解消を見てみよう．ここでは原点の**ブローアップ**(爆発)という方法を考える．それは，もとの曲線の変数 x と y に，$x=v$，$y=uv$ という変換 A と，$x=wz$，$y=z$ という変換 B を施し，この2つの空間を $w=1/u$，$z=uv$ という関係式で張り合わせると得られる．式で書くとわかりにくいが実際には，x 軸と y 軸が交わっている原点をふくらませて，まさに爆発させているのである．

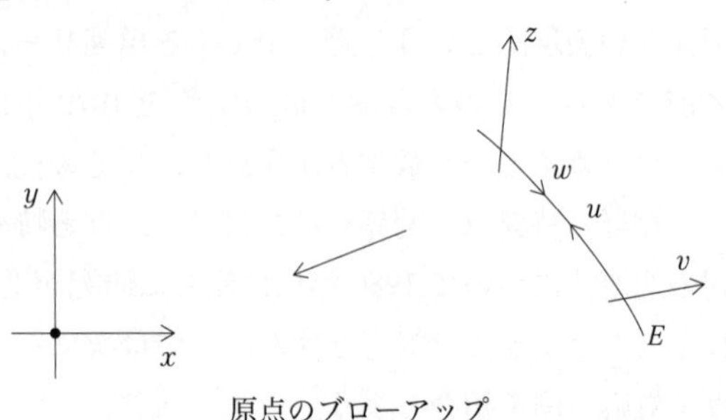

原点のブローアップ

慣れないと気持ち悪いが特異点解消(ジェットコースターのレール)は特異点(レールの影)の上にあるので矢印の向きは特異点解消→特異点となる.

これを例題1(2)の $f(x,y)=x^2+x^3-y^2=0$ の場合に適用してみると，まず変換 A で

$$f(u,v) = v^2+v^3-u^2v^2 = 0$$

となり，この式をまとめると

$$(1+v-u^2)v^2 = 0$$

となり，$v=0$ という直線と，$v=u^2-1$ という曲線が得られる．このうち

$$v = u^2-1$$

はもとの曲線を変換したもので，特異点は無くなっている．$v=0$ は新たに出てきた直線であり，2点 $(u,v)=(1,0),(-1,0)$ で交わっている．この新たに出てきた直線を**例外曲線**とよぶ．(図の E)

また，変換 B で $f(w,z)=(w^2+w^3z-1)z^2=0$ が得られるが，$w=1/u$，$z=uv$ を代入すると変換 A と同じ式が得られる．

この様子を図示すると次ページのようになる．もともと交差していた原点部分に1本直線 E を刺して，交差している部分を上下に分けたような感じである．このとき，もとの x 軸と y 軸は刺した直線 E とは交わっているが原点からは離れてしまう．

それでは次に曲面の特異点解消を考えよう．まず最

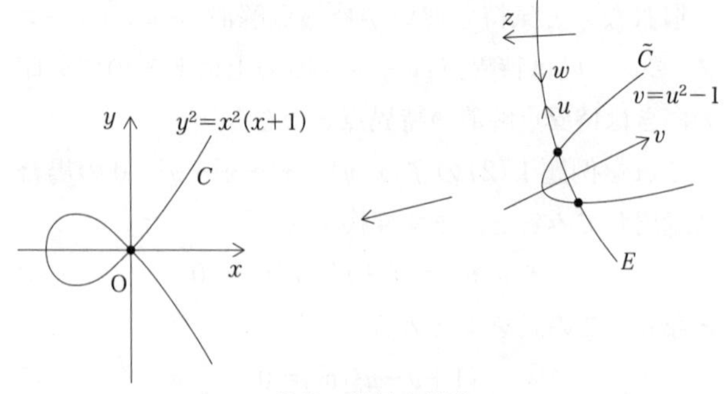

曲線の特異点解消

初に，$f(x, y, z)=x^2+y^2+z^2=0$ の場合を考える．今度は変数が3つあるので，原点でのブローアップには3つの変換を使う．具体的な変換は，$(x, y, z)=(v, uv, wv)$ など3通りあるが，すべて対称なので1つだけ見てみる．

この変換で，$f(u, v, w)=(1+u^2+w^2)v^2=0$ となり，ここで，また新たな例外曲線 $v=0$ が1つ得られ，もとの曲面は $1+u^2+w^2=0$ という特異点のない曲面に移っている．これを図示すると下のようになる．2つの円錐の交点だった部分が，左側では輪になっていて，

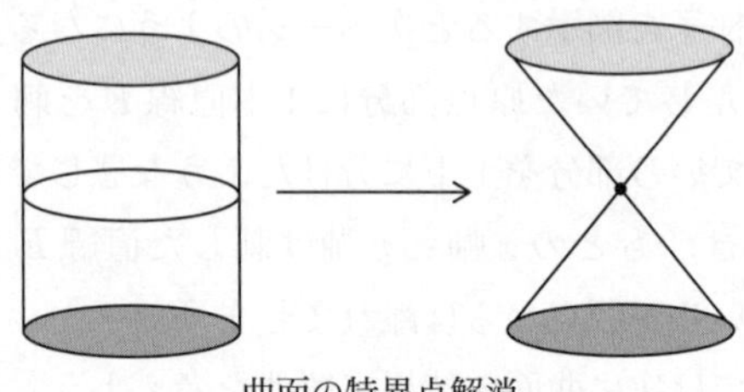
曲面の特異点解消

全体として特異点のない円柱になっている．この輪が例外曲線にあたる．

さらに，A_2 型の特異点解消をすると，今度は 2 本の例外曲線が得られ，それらは 1 点で交わっていることがわかる．それを次のように図示する．

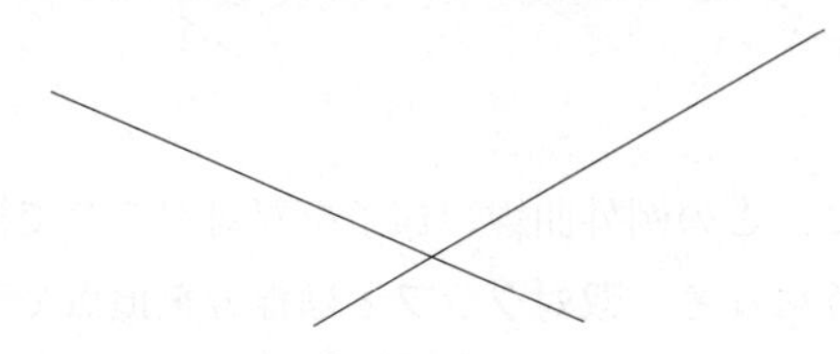

また，一般に n が 3 以上の A_n 型の特異点解消を考えてみると，1 回ブローアップしただけでは特異点はなくならない．実際，$x^2+y^2+z^{n+1}=0$ に変換 $(x, y, z)=(vw, uw, w)$ を施すと，

$$(v^2+u^2+w^{n-1})\,w^2 = 0$$

となり，$v^2+u^2+w^{n-1}=0$ の部分は A_{n-2} 型の特異点を持っていることがわかる．

1 回のブローアップでは，2 本の例外曲線が得られ，その交点にまだ特異点が残っているので，その様子を図示すると次のようになる．

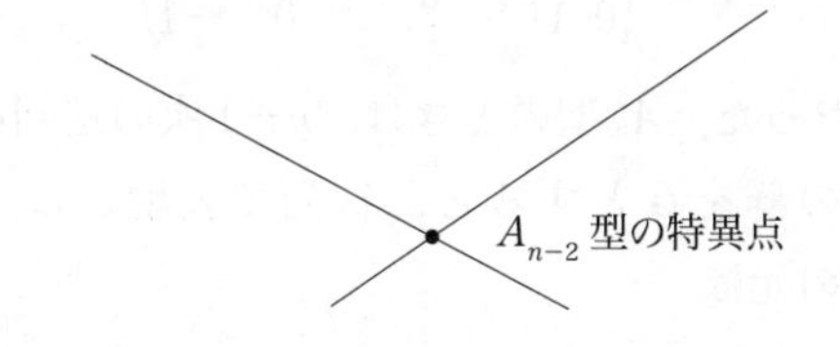

さらにこの特異点解消を続けると，最終的にA_1型かA_2型の特異点になり，すべて特異点を解消すると，全部でn本の例外曲線が隣りの例外曲線と1点ずつ交わった状態で出てくる．

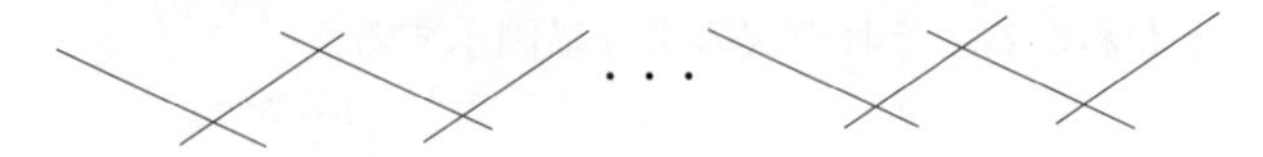

さらに，この例外曲線の様子を双対グラフで描くと下のようになる．**双対グラフ**とは線分を頂点で表し，交点を線分で表したものである．これはA_n型の**ディンキン図形**と呼ばれる．

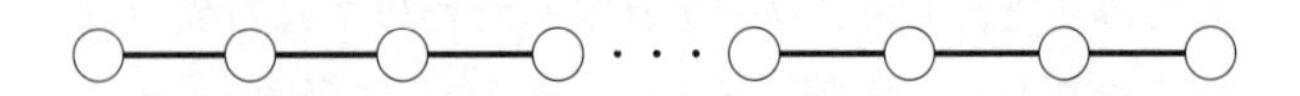

マッカイ対応

では次に，2次元のA_n型の特異点のマッカイ対応について紹介しよう．ここでは，特異点を作ったときに使った巡回群の元を表す行列を思い出してほしい．A_1型の時は2次の巡回群だったので，その元は

$$e=\begin{pmatrix}1&0\\0&1\end{pmatrix},\quad a=\begin{pmatrix}-1&0\\0&-1\end{pmatrix}$$

の2つだった．A_n型のときは，$n+1$次の巡回群であり，その群をGとすると，行列で表現されるGの$n+1$個の元は

$$e=\begin{pmatrix}1&0\\0&1\end{pmatrix},\quad a=\begin{pmatrix}\varepsilon&0\\0&\varepsilon^{-1}\end{pmatrix},\quad a^2=\begin{pmatrix}\varepsilon^2&0\\0&\varepsilon^{-2}\end{pmatrix},$$

$$\dots,\ a^n=\begin{pmatrix}\varepsilon^n&0\\0&\varepsilon^{-n}\end{pmatrix}$$

と表される．これを群 G の 2 次の自然表現という．

大雑把にいうと，例外曲線の数と，単位元でない元の数が同じである，というのがマッカイ対応である．また巡回群でない場合は，例外曲線の数と，自明でない群 G の既約表現の数が一致する．それはただ数が一致するだけではなく，特異点解消で得られる例外曲線の構造までもが群の表現から得られる．これが代数幾何学的なマッカイ対応である．

もう少し詳しい説明を巡回群の場合に限って以下に続けよう．

G の表現は群 G から，行列式が 0 でない行列全体 $\mathrm{GL}(n,\mathbb{C})$ への写像である．$n+1$ 次の巡回群は 1 次元の表現も持っていて，それは全部で $n+1$ 種類あり，G の元 a に対して，ε^k $(k=0,1,2,\dots,n)$ を対応させる $n+1$ 個の線形写像である．$k=0$ のときは自明な表現といい，すべての G の元に対して，1 を対応させる特別な表現である．

ここで，この 1 次表現と上の 2 次の自然表現のかけ算を考えると，

$$\varepsilon^k \begin{pmatrix} \varepsilon & 0 \\ 0 & \varepsilon^{-1} \end{pmatrix} = \begin{pmatrix} \varepsilon^{k+1} & 0 \\ 0 & \varepsilon^{k-1} \end{pmatrix}$$

が成り立っている．つまり k 番目の表現を，2 次元の表現とかけると，$k+1$ 番目と $k-1$ 番目の表現が出てくるのである．もっと正確には既約表現と自然表現のテンソル積を考えるのだが，ここではその説明は割愛する．

次に 0 から n までの $n+1$ 個の表現を頂点で表し，上のかけ算の結果を，k 番目の頂点から $k+1$ 番目と，$k-1$ 番目へ矢印を書くというルールでグラフを書くと，すべての頂点から 2 本ずつ矢印が引けて，次のようになる．

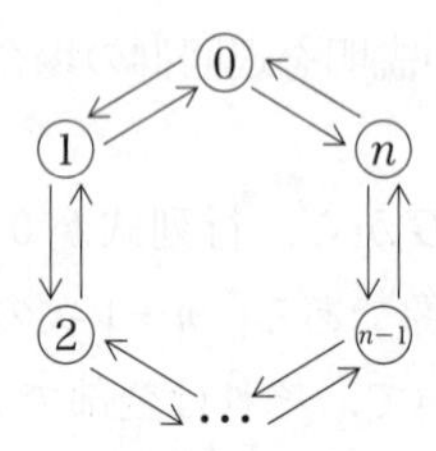

この図は**マッカイ箙**（えびら）と呼ばれる．

さらに両方向の矢印を 1 本の線分に書き直すと次ページのようになる．

ここで 0 番目の自明な表現に関する頂点と線分を取り除くと，特異点解消の例外曲線の双対グラフと全く

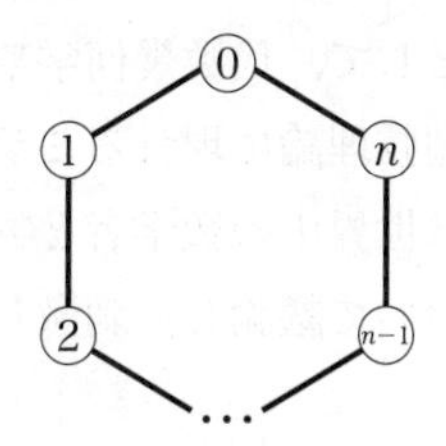

同じ A_n 型のディンキン図形が出てくる．つまり群 G を使って作った特異点を解消する際に出てくる例外曲線と，群 G の自明でない既約表現が1対1に対応しているのである．

ここでは巡回群の場合だけを説明したが，他の D_n, E_6, E_7, E_8 型に対しても特異点解消で得られる例外曲線と，群の自明でない既約表現がディンキン図形で関連付けることができ，1対1に対応する．マッカイ対応は特異点解消という幾何学の中に，もともと特異点を作るときに使った群の代数学が対応するという，幾何学と代数学を結び付ける面白い現象なのである．

このマッカイ対応は超弦理論などの理論物理学でも使われるようになり，さらにその3次元版も登場し，現在ではさらに高次元のマッカイ対応も研究されるようになっている．物理学とは全く無縁に思われるような商特異点の特異点解消の不変量が，超弦理論と関連しているのである．1980年代から，ハーバード大学のヤウ氏を中心として，代数幾何学や微分幾何学を駆使した数学で，超弦理論に現れるミラー対称性の研究が進んだ．今では世界中の数学者と物理学者が互いの最先端の研究について議論し，刺激しあうようになっている．

6 数学との付き合い方

現在，中学校で学ぶ数学は古代ギリシャの数学がほとんどであり，高等学校で学ぶ数学はほぼ中世のヨーロッパの数学である．そして，18 世紀からの数学に関しては，高等学校までの数学の教科書には数学者の名前や写真が出てくることはあっても，残念ながらほとんど触れられないのである．実はここからが現代社会への応用も多い現代数学に通じる数学なのである．だから高等学校までの数学が「好き」とか「嫌い」というのは，大学以降の「数学」に向いているかどうかわからないので，高等学校までの数学が得意だった人も，それだけで数学科に行くことを決めないで，現代数学に関する部分に興味が持てるかどうかも確認してほしい．

ときどき「なぜ学校で数学を勉強するのか？」と聞かれる．例えば，2 次方程式が解けなくても生きていける，とも言われる．数学以外の科目でも，生きるのに必要ではないものもたくさんありそうだが，数学に関しては，私ははっきり言える．数学は生きていくのに必要だ！と．

本書の冒頭で述べたような洗濯物を片付けるのに「数学的な分類」を持ち込むということではなく，いろいろな行動や思考に使えるのだ．工夫してできるだけ楽に計算したり，幾何学の問題で 1 本の補助線を引いたり，たくさん起こりうる事象をすべて数え上げたりすることで，論理的な思考能力を養っているのである．しかもできるだけ楽な道を選ぶ努力をするので，実は数学は怠け者向きだともいえる．

大人になると正解が見つからない問題に多く直面する．その中で，この先どんなことが起こりうるか，できるだけ多くの可能性が見えたほうが将来の見通しがつく．いろいろなことが想定内になるのである．その発想を豊かにする訓練が数学を勉強する意義だと思っている．

だから，数学の問題集を解いていてわからないときに，すぐに答えを見るのはやめよう！と高校生には言う．計算の最終的な答えは1つに決まるかもしれないが，そこに行きつく考え方は人それぞれ違ってよい．数学はすごく自由なのだ．自分なりに問題を解読し，考えぬくところ，どうやったら問題が解けるか考えるところが数学であり，そこが一番数学の大事で面白いところなのである．そんなに時間がないという人がいるかもしれないが，問題をたくさん解くことよりも，じっくり自分で考えることのほうが大事なのだ．他人が書いた解答を理解するよりも自分の頭で考えたほうが何倍も楽しいし，有意義である．ときどき問題集の解答を丸暗記する人もいるようだが，それは他人の作文を暗唱するのと同じだと言ったら，いかにおかしなことか気づいてもらえるだろう．日本人はなかなか自分の言葉で語ろうとしないが，数学でももっと自己主張していいのである．

ただただ問題をたくさん解くことがよいと信じている人も多そうだが，それは数学にとっては非常によくないことである．その問題の本質は何か？というのをきちんと見極める力をつける科目が数学だと言っておこう．そして，人生の岐路に立った時に，自分の意志で次の一歩を踏み出せるようになるのである．

さて，前章まででは，群論や線形代数に触れながら，古代から現代まで続く数学の世界を紹介した．最後に私たちが実際にこれまで出会った数学や，数学者にとっての数学，そして数学に関わっている物理学者，エンジニアにとっての数学など，それぞれの数学との付き合い方について述べたい．

学校数学

私たちが初めて触れる数学は，小学校の算数から始まって中学校，高等学校の数学である．これらをまとめて学校数学と呼ぶことにしよう．日本で学ぶ学校数学は，まじめに勉強することが大事であり，計算を正確にしたり，図形やグラフを正確に描くことが求められる．その技術を習得するためにドリルや問題集が渡され，日々訓練させられる．ときどき試験もあるので，その訓練を怠ると痛い目に遭う．球技でいうと算数は準備体操のようなもので，中学・高校の数学はパス練習とか基礎の練習である．苦行に近い修行である．しかも内容は中世ごろに完成した数学なのである．だから，フィールズ賞と呼ばれる数学のノーベル賞のようなすごい賞を受賞した人の話はちんぷんかんぷんである．ノーベル賞の受賞者の話はなんとなくわかるし，そのすごさもわかるのに，数学者の話は雲の上の話みたいでさっぱりわからないのは高校までの数学が中世までの数学だからだと思う．まったくなじみのない話をされてもわかるはずがない．これは学校数学のとても残念な部分である．

どんな数学がきっかけになるかは人それぞれであるが，運よく高校までに数学を楽しむことができた人は，大学の数学科に進学しようと思う．ただ，ひとつだけ注意しておきたいが，高校までの数学において，計算が得意なだけだった人には数学科進学をお勧めしない．大学以上の数学は計算ではないからだ．また公式を覚えて問題を解くのは数学ではない．数学は暗記科目ではない．複雑な計算が大好きな人は物理学科にいくと幸せになれるだろう．多少計算が苦手でも，いろんな解き方を考えたり，証明問題が好きだったり，何日でも同じ問題を考えているのが好きな人には数学科をお勧めする．

大学数学

理由はともあれ，大学の数学科に進学する前に，定期試験や大学受験があるので，数学の訓練は多少必要になる．晴れて大学生になっても，たいていの人は数学の授業を聞いた途端，高校までとは全く異なる数学の世界に驚く．ここで学ぶ数学は中世の数学ではなく18世紀以降の数学である．ただ計算すれば答えが得られるというものではなく，ガロアの目指した数学のように，新しい概念を論理的に組み立てたり，具体的なものを抽象化するという世界である．

球技の例でいうと，上手なパスができるようになった人が初めての試合に出るような状態である．試合のルールを知っているだけでは，得点はできない．なんかすごいプレイヤーもいる．

ここで必要になるのが，数学に関するセンスである．それをフィールズ賞受賞者の小平邦彦氏は「数覚（すうかく）」と呼んでいる．才能とはちょっと違う．努力して得られるものに近い．たくさん練習したからと言って，上手なプレイヤーになれるわけではないというと理解しやすいかもしれない．もちろんもともとすごい才能を持っている人もいるが，いい指導者に巡り合うことや，いい練習方法に出会うことで得られる技術もある．

数学の研究

大学数学にもなじめて，もっと新しい数学を研究したい人たちは大学院に進学する．大学院も世間的には大学の延長で，大学院生も学生扱いされるが，実際は研究者としての第一歩を歩みだす研究者養成機関である．数学の勉強をもっと続けるために進学するところではない．

では，数学を研究するとはどういうことか．これまで知られている古い数学にはなかった新しい数学を作ることである．大学までに数学の基礎的な訓練は終わっているので，そこで身に付けた技術を生かして，オリジナルな仕事をするのである．

ほかの自然科学とは異なり，数学は古代の数学から現代の数学までずっとつながっているので，学校数学で学んだ基礎も役に立つ．ここは球技でいうと，基本を習得し試合でも活躍できるようになった選手がオリジナルプレーを魅せる場なのである．自分らしい活躍をすることが要求される．また大学生のころから数学の本を読んだり，数学者による数学の講義を聴いているうちに「これは美しい！」と言ってしまうようになっている．式の形がすっきりして美しいと感じることもあるし，複雑なものがどこかでシンプルな形にまとまって感動することもある．さらに自分の手で美しいと感じる結果を出したときは，少女漫画の主人公の少女のように目がキラキラして幸せな気持ちになる．その姿を想像するとちょっと気持ち悪いかもしれないが，老若男女を問わず，数学者はそうなのである．

この数学の持つ美しさには，ただ見た目がきれいというのではなく，確かな証明などに裏付けされた確固たる自信が背景にある．全く根拠はないが，「正しいものは美しい」と信じているので，うまくまとまらないときは完成まで遠いと思ってしまうくらい「美しさ」にこだわる．

数学の美しさ

数学者が数学で美しいと感じるポイントはいくつかある．ぜんぶ挙げることは難しいが，数学そのものがもつ性質とも関係している．まず数学の研究は，世の中にごちゃごちゃとあるものの中から共通の性質を見つけることから始まる．この本の冒頭で触れた洗濯物をたたむ前のような状態を目の前にして，どうやって引き出しにしまおうかと考える瞬間と同じである．

数学的な性質をみつけるために，余分な情報は落とし，できるだけ理想的な状態で数学的なモデルを作り上げる．そこで重要になるのが，規則性や対称性などの性質である．また少しの例が見つかったときに，それをもっと適用範囲を広げて一般化したり，次元を上げて高次元化することで，さらに整った形に表せることもある．そんなときに，数学者たちは数学の美しさを感じる．

応用数学

数学は役に立たない学問だと言われることがある．確かにいま研究していることがすぐに世の中の役に立つことはほとんどない．しかしいつか役に立つこともたくさんあるだろう．数学には応用数学と呼ばれる分野もあるが別に基礎数学と境目がはっきりしているわけではない．学校数学の基礎問題と応用問題という区別とも違う．応用数学として，すでに得られている数学の研究をほかの分野で活用するものもあるが，数学なのでかなり理想的な状況を設定し，数学として正確な議論を展開する．そのためには基礎的な数学の研究も不可欠なのである．だから，基礎科学を軽視して応用科学や工学は成り立たないとノーベル賞受賞者たちが口をそろえて言うのと同様に，応用数学の発展のためには，数学の基礎研究の充実も重要なのである．

工学における数学

ものづくりなどエンジニアにとっての数学は道具である．複雑な計算を伴うこともあるが，強度を求めたり，柔軟性を求めたり，目的はいろいろである．例えば建築物には見た目の美しさや全体のバランスも必要だが，強度も求められる．飛行機やロケットなどは飛ぶためには軽いほうがいいが，やはり強度や安定性も必要である．一見矛盾するような条件をみたす素材を日々求めている．

そんな中に蜂の巣構造(ハニカム構造)の素材がある．蜂の巣は正六角形の敷き詰めであり，2 次元結晶群の中にも登場するが，いろんな方向からの力に強いことが数学的にも工学的にもわかる．

また製品のデザインにも数学は使われる．飛行機がどのような形にしたら，より速く抵抗が少なく飛べるかということを数学的に計算する．実際には，鳥や魚の形から学ぶことも多いし，数学の計算だけでは不充分で，多くの補正も必要になる．

例えば，一般家庭に普及し始めている掃除ロボットの形も，円盤状では部屋の隅が掃除できないので，いろんな工夫が凝らされている．ブラシが部屋の隅まで届くものもあるが，掃除機自体の形を円ではなく，ルーローの三角形にしているものもある．この三角形は内角が 60 度の円弧を 3 つ合わせたものである．ロータリーエンジンにも使われている．

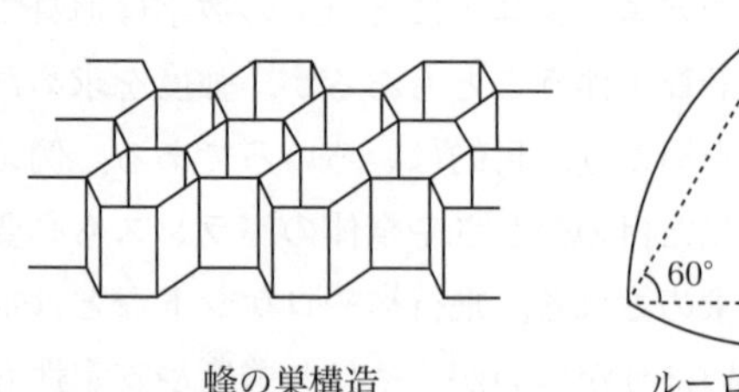

蜂の巣構造

60°

ルーローの三角形

結果的には，とてもバランスの良い美しい形が強度も持っていて，使いやすいという例が工業製品の中にもたくさんある．

物理学者にとっての数学

計算が得意な人が物理学科に行くとよいと書いたが，物理学者はこの世の謎を数学で解決しようとする人たちで，宇宙の探検家や冒険家のような印象がある．途中でいろいろな障害物と戦ったり，道を切り開いていくように，数学を武器に未知の世界に飛び込んでいくのである．

実際ガリレオは「宇宙は数学の言葉で書かれている」という言葉を残している．この言葉は，筆者が所属する研究所の大きな柱にも書かれており，物理学者たちの信念をよく表している言葉である．彼らにとって数学は最強の武器のようで，数学の中の分野など全く気にせず，役に立ちそうな数学を見つけるとすぐに勉強して，さらっと使いこなしてしまう．ちょっと前まで解析学を使っていた人が，最近は代数学の最先端の理論を使っていたりする．その新しい技術の習得能力もずば抜けていて，とても数学者には真似ができない．「この世の謎を解明したい」という強い信念に支えられて，どんな複雑な計算も厭（いと）わず，同じような考えを持つ仲間と議論して，すぐに論文を発表するのである．

数学者の理想と夢

それでは数学者はどうか．数学者はこの世の謎を解こうとは思っていない．宇宙の謎に興味を持っている人もいるかもしれないが，数学の世界のほうが宇宙よりもずっと広いと思っている．自分の頭の中でいくらでも理想の世界を思い描くことができて，それを数学ということばで表現しようとしている人たちなのである．芸術家や夢想家というべきかもしれない．物理学者よりも現実的でない夢を追いかけているようにも聞こえるが，実際には古代から続く数学とも矛盾のない一本筋の通った世界で考えているので，超現実的でもある．発見したことが正しいかどうかは，証明すれば保証されるのである．そしてこれまでに知られている数学をいくらでも駆使してもいいし，それに矛盾さえしなければ，いくらでもあたらしい概念を定義してもいいのである．この世の現象とは全く関係なく，何物にも束縛されなくてすごく自由である．その結果得られた数学的な事実が，自然現象の説明に使えたり，最新技術に応用されたりすると，意外だと驚くくらいで，もともと何かに応用しようと思って数学の研究をしているわけではないのだ．

こんな理想だけを追い求め夢見る数学者は，あまりにも純粋すぎて，何かに興味を持ったらほかのことを忘れてしまうこともある．その結果，変人扱いされることもあるが，そんなことは全然気にしていないのである．芸術家的な数学者の美的センスを醸し出していることばに，19世紀の数学者シルベスターの「音楽は感性の数学であり，数学は理性の音楽である」がある．音楽に関わっている数学者もそうでない数学者もいるが，何か自分の中の「美しいものへの憧れや信念」をみんなに伝えたいというのは作曲，演奏，絵画などの芸術家の創作活動と似ている．

筆者も過去に，芸術系の大学を卒業して創作活動をしている人たちと一緒に展覧会をしたことがあるが，内に秘めた何かを表現しようとしている彼らと，私たち数学者の研究活動はすごく似ていて共感しあえた．そして，それを認めてくれる人がいるとなおさら幸せになれる．球技のたとえでいうと，だれもできないような巧妙なプレーをイメージして，それを実現したいのである．さらにガロアたちが現代代数学の基礎的な活動を始めたように，それまではなかった新しい考え方，オリジナル競技まで作ってしまうことだってできるのである．

しかし，新しいものはすぐには受け入れられないこともある．ピカソ(1881-1973)のキュビズムという画法も斬新だった．しかし，いろいろな方向からみた絵を貼り合わせるというキュビズムと全く同様の考え方が，実は数学にもある．多様体という，ユークリッド空間を貼り合わせたものだ．たとえば紙(ユークリッド平面)を貼り合わせて作った地球儀も多様体である．ニュートン(1642-1727)やライプニッツ(1646-1716)が微分積分法を考え出したころ，鎖国下の日本でも関孝和(1640頃-1708)が同様の概念を考えたように，キュビズムと数学の多様体がほぼ同時期に誕生したことも不思議である．

数学者は自由に夢を見ているだけではなく，たくさんの例を計算し，その中からキラリと光る性質を見つけたり，それが正しいことを証明するためにたくさんの計算をすることも多い．実験系と異なり，一見体力は必要なさそうであるが，いったん取り掛かったら，寝る間も食べる間も惜しんで考えたり計算したりすることもあるので，結構体力も精神力も必要である．そして研究者全般に言えることだと思うが，自分の考えを信じる力も必要で，研究を続けていくには，自己肯定感が高く，そして楽観的であることも必要である．特に数学者たちは，自分の哲学を持ち，物事の本質を見極めたいと思う純粋な人たちなのである．

ブックガイド

本書では詳しく触れなかったが，ガロア理論は，数学科の学部生の学ぶ現代数学の中でも美しい理論である．私自身が最初に読んだガロア理論の本は，**『ガロア理論入門』アルティン著，寺田文行訳**（**東京図書，ちくま学芸文庫**）であるが，他にもガロア理論の教科書や，代数学の教科書に掲載されているので，詳しく知りたい方には，教科書を最初から読むことをお勧めする．一般向けのガロア理論入門書として**『13歳の娘に語るガロアの数学』金重明著**（**岩波書店**）は父が，13歳の娘と会話しながら1次方程式からガロア理論までを学ぶという構成になっていて，とてもわかりやすい．さらに，有限群の分類に関わった群論の専門家による**『群の発見』原田耕一郎著**（**岩波書店**）もガロア理論の入門書であり，群がどのように導入されたかや，「対称性の美しさ」についても解説している．

ガロア自身は数学者としても革命的な仕事をしているが，フランス革命でも活動し，決闘で亡くなるなど，ドラマチックな人生を歩んでいる．そのため，伝記的な書物もいくつかある．たとえば**『ガロア　天才数学者の生涯』加藤文元著**（**中公新書，角川ソフィア文庫**）は数学者としてのガロアの仕事について歴史的な背景も含めて解説しているだけでなく，実際にパリでガロアの足跡を訪ねて書かれている本で，加藤氏のガロアへの憧憬も感じられて面白い．また同氏による，ABC予想を解決した望月新一氏やその研究について書かれた**『宇宙と宇宙をつなぐ数学——IUT理論の衝撃』加藤文元著**（**角川学芸出版**）を読むと，ABC予想解決のために作られた新しい数学とはどういうものか，どうして難解だといわれるかを知ることができるだろう．

また3章で扱った2次元の結晶群については筆者自身が書いた「対称性の美」という解説が**『この定理が美しい』数学書房編集部編**（**数学書房**）にある．この本では20人の数学者たちが美しいと感じている定理を紹介している．

本書の5章で紹介した特異点や特異点解消は代数幾何学という分野の話であり，**『代数幾何入門』上野健爾著**（**岩波書店**）は例も豊富で初心者にはとても読みやすい代数幾何学の入門書である．さらにマッカイ対応について書かれている本として**『特異点とルート系』松澤淳一著**（**朝倉書店**）をあげておく．この本には代数幾何学的な側面よりも本書では触れなかった表現論の部分について詳しく書かれている．さらに超弦理論のミラー対称性について，数学を使った研究の世界的第一人者であるヤウ氏がその研究の背景を書いた**『見えざる宇宙のかたち——ひも理論に秘められた次元の幾何学』シン＝トゥン・ヤウ/スティーヴ・ネイディス**

著，**水谷淳訳**（**岩波書店**）では，研究が進んだり，行き詰まったりする数学者の研究の様子を実況中継のように楽しめるだろう．なおタイトルにある「ひも理論」とは超弦理論のことである．

6章の大学数学に関するところに書いた「数覚（すうかく）」という言葉が出てくるのは『**怠け数学者の記**』**小平邦彦著**（**岩波現代文庫**）である．小平氏は，複素2次元代数曲面の分類を完成させた代数幾何学者である．彼の数学についての記述，数学教育への思いも興味深い．

おわりに

この原稿を書いている今，中国・武漢から発生したと言われる新型コロナウイルスによる感染症が世界中に広がっています．17世紀のヨーロッパではペストが流行しており，ジョン・グラント(1620-1674)は，1662年に『死亡表に関する自然的および政治的諸観察』という統計学の出発点となる本を出版しました．統計学は現在のデータ解析の基礎になっており，今回の新型コロナウイルス感染症に関するデータ解析でも統計学を用いて，今後の感染者数を予測したり，感染の傾向が調べられたりしています．

統計学には指数関数や対数関数がよく登場し，新型コロナウイルス感染症の感染者数のグラフにも使われています．ただ少々不安に感じているのは，グラフの縦軸の感染者数の目盛りに 10, 100, 1000 という数が等間隔に書かれていることに気付いていない人も多いのではないかということです．指数関数的ということばが「すごくたくさん」くらいにしか受け止められてはいないでしょうか．対数関数を用いることでグラフの傾きは緩やかになってしまいます．本当にとんでもない数の増え方をしているのに，日本は欧米諸国に比べてかなり緩やかな増え方だと安心している人が多いように感じるのです．病気の感染だけでなく，和算にもネズミ算というものがあるように，ネズミやゴキブリが増えていくのも指数関数的であり，すごい繁殖力があるものに指数関数は使われます．それは天文学者が，大きな数を扱いやすくなったという利点からもわかるように，とてつもなく大きい数を小さなグラフ用紙に書き込めるようにしただけなのです．下のグラフは日本経済新聞のウェブサイトからの引用です．2020 年 4 月 16 日現在も日本の感染者数は他国に比べて数値的には少ないのですが，日本のグラフだけまだまだ増え続けそうな勢いがあります．

新聞やウェブページに掲載されたグラフを正しく読んで，現状を理解するためには，数学の知識も必要です．これから学校で数学を学ぶ人たちには，定期試験

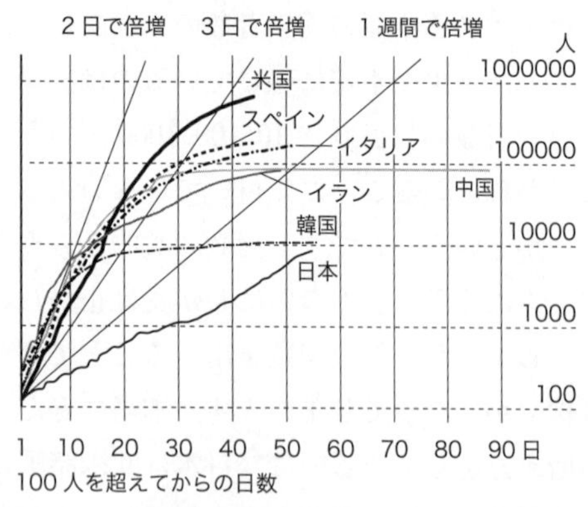

（日経電子版 2020 年 4 月 16 日付のデータより作成）

や入学試験のためだけではなく，その意味や実際に使われる場面など，いろんなことと関連付けて勉強してほしいと願うとともに，私たち数学者が数学の重要性や面白さをもっと伝えなくてはいけないと痛感しています．

世界中の人々が新型コロナウイルスの脅威に怯えている中，京都大学の望月新一氏のABC予想解決に関する論文(600ページの大著)が8年の査読を経て，掲載されることに決まったという明るいニュースが飛び込んできました．それは大きな予想が解けたことだけでなく，新しい数学が認められたという数学界にとって画期的な出来事です．論文誌に掲載されるまでの査読に長い年月を要したのも，これまでの数学にはなかった概念がたくさん含まれていたからです．ガロアは新しい数学を考えましたが，当時の数学者には理解されず，今日のようなガロア理論を生前に完成させることはできませんでした．斬新な技法がなかなか受け入れられないこともありますが，これからも新しい数学はどんどん生まれてくることでしょう．

今は外国への移動もできなくなり，世の中のすべてが止まってしまいそうですが，これを機に数学者たちはオンラインでセミナーを開催するようになりました．自宅にいながら世界中の講演を聴き，直接，講演者に質問することもできるようになりました．コロナ禍と呼ばれる大変な状況下ですが，新聞やニュースを見て数学の日常的な必要性を再確認したり，数学のさらなる発展の可能性を感じられたりすることもあり，数学への研究や教育への思いもより一層強くなりました．この環境下で，ずっと心の中で温めてきた気持ちを書けたことは，私自身の心の励みにもなりました．

最後になりましたが，名古屋大学での私の講義を受講した学生の皆さん，名古屋大学プロジェクトギャラリー clas のスタッフの皆さん，名古屋大学博物館の皆様，東京大学カブリ数物連携宇宙研究機構広報部の皆様には，数学博物館の展覧会開催にご協力いただき，本当にありがとうございました．

本書の挿絵や各章の扉絵は娘の絵美理が描いてくれました．どうもありがとう．そして仕上げ作業が緊急事態宣言下の大変な時期に当たってしまい，出社も容易でない時期にも御尽力頂いた岩波書店編集部の島村典行さん，折に触れて励ましの言葉をかけてくださった岩波書店 OB の吉田宇一さんに心より御礼申し上げます．

伊藤由佳理

東京大学大学院数理科学研究科修士課程・博士課程にて博士(数理科学)取得．名古屋大学大学院多元数理科学研究科准教授を経て，
現在－東京大学国際高等研究所カブリ数物連携宇宙研究機構(IPMU)教授，日本学術会議会員
専門－代数幾何学
編著－『研究するって面白い！──科学者になった11人の物語』(岩波ジュニア新書)ほか

美しい数学入門　岩波新書(新赤版)1842

2020年8月20日　第1刷発行
2021年10月5日　第2刷発行

著　者　伊藤由佳理(いとうゆかり)

発行者　坂本政謙

発行所　株式会社 岩波書店
〒101-8002 東京都千代田区一ツ橋2-5-5
案内 03-5210-4000　営業部 03-5210-4111
https://www.iwanami.co.jp/

新書編集部 03-5210-4054
https://www.iwanami.co.jp/sin/

印刷製本・法令印刷　カバー・半七印刷

ISBN 978-4-00-431842-2　Printed in Japan

岩波新書新赤版一〇〇〇点に際して

ひとつの時代が終わったと言われて久しい。だが、その先にいかなる時代を展望するのか、私たちはその輪郭すら描きえていない。二〇世紀から持ち越した課題の多くは、未だ解決の緒を見つけることのできないままであり、二一世紀が新たに招きよせた問題も少なくない。グローバル資本主義の浸透、憎悪の連鎖、暴力の応酬――世界は混沌として深い不安の只中にある。

現代社会においては変化が常態となり、速さと新しさに絶対的な価値が与えられた。消費社会の深化と情報技術の革命は、種々の境界を無くし、人々の生活やコミュニケーションの様式を根底から変容させてきた。ライフスタイルは多様化し、一面では個人の生き方をそれぞれが選びとる時代が始まっている。同時に、新たな格差が生まれ、様々な次元での亀裂や分断が深まっている。社会や歴史に対する意識が揺らぎ、普遍的な理念に対する根本的な懐疑や、現実を変えることへの無力感がひそかに根を張りつつある。そして生きることに誰もが困難を覚える時代が到来している。

しかし、日常生活のそれぞれの場で、自由と民主主義を獲得し実践することを通じて、私たち自身がそうした閉塞を乗り超え、希望の時代の幕開けを告げてゆくことは不可能ではあるまい。そのために、いま求められていること――それは、個と個の間で開かれた対話を積み重ねながら、人間らしく生きることの条件について一人ひとりが粘り強く思考することではないか。その営みの糧となるものが、教養に外ならないと私たちは考える。歴史とは何か、よく生きるとはいかなることか、世界そして人間はどこへ向かうべきなのか――こうした根源的な問いとの格闘が、文化と知の厚みを作り出し、個人と社会を支える基盤としての教養となった。まさにそのような教養への道案内こそ、岩波新書が創刊以来、追求してきたことである。

岩波新書は、日中戦争下の一九三八年一一月に赤版として創刊された。創刊の辞は、道義の精神に則らない日本の行動を憂慮し、批判的精神と良心的行動の欠如を戒めつつ、現代人の現代的教養を刊行の目的とする、と謳っている。以後、青版、黄版、新赤版と装いを改めながら、合計二五〇〇点余りを世に問うてきた。そして、いままた新赤版が一〇〇〇点を迎えたのを機に、人間の理性と良心への信頼を再確認し、それに裏打ちされた文化を培っていく決意を込めて、新しい装丁のもとに再出発したいと思う。一冊一冊から吹き出す新風が一人でも多くの読者の許に届くこと、そして希望ある時代への想像力を豊かにかき立てることを切に願う。

（二〇〇六年四月）

岩波新書より

- 宇宙論への招待　佐藤文隆
- 大地の微生物世界　服部　勉
- クマに会ったらどうするか　玉手英夫
- 宝石は語る　砂川一郎
- 動物園の獣医さん　川崎　泉
- 星の古記録　斉藤国治
- 分子と宇宙　木原太郎
- 物理学とは何だろうか 上・下　朝永振一郎
- 相対性理論入門　内山龍雄
- 人間であること　時実利彦
- 人間はどこまで動物か　アドルフ・ポルトマン　高木正孝訳
- 栽培植物と農耕の起源　中尾佐助
- ゴリラとピグミーの森　伊谷純一郎
- 動物と太陽コンパス　桑原万寿太郎
- 生命の起原と生化学　オパーリン　江上不二夫編
- 維新と科学　武田楠雄
- ダーウィンの生涯　八杉竜一
- 科学の方法　中谷宇吉郎
- 宇宙と星　畑中武夫

- 数学の学び方・教え方　遠山　啓
- 現代数学対話　遠山　啓
- 数学入門 上・下　遠山　啓
- 無限と連続　遠山　啓
- 数の体系 上・下　彌永昌吉
- 原子力発電　武谷三男編
- 日本の数学　小倉金之助
- 物理学はいかに創られたか 上・下　アインシュタイン　インフェルト　石原　純訳
- 零の発見　吉田洋一

(2018.11)　(S2)

自然科学

データサイエンス入門　竹村彰通
技術の街道をゆく　畑村洋太郎
科学者と軍事研究　池内了
抗生物質と人間　山本太郎
ゲノム編集を問う　石井哲也
霊長類　消えゆく森の番人　井田徹治
系外惑星と太陽系　井田茂
文明は〈見えない世界〉がつくる　松井孝典
首都直下地震　平田直
南海トラフ地震　山岡耕春
ヒョウタン文化誌　湯浅浩史
人物で語る数学入門　高瀬正仁
桜　勝木俊雄
エピジェネティクス　仲野徹
地球外生命　われわれは孤独か　長沼毅　井田茂
科学者が人間であること　中村桂子
近代発明家列伝　橋本毅彦
川と国土の危機　水害と社会　高橋裕
適正技術と代替社会　田中直
四季の地球科学　尾池和夫
地下水は語る　守田優
キノコの教え　小川眞
宇宙から学ぶ　ユニバソロジのすすめ　毛利衛
心と脳　安西祐一郎
職業としての科学　佐藤文隆
太陽系大紀行　野本陽代
偶然とは何か　竹内敬
ぶらりミクロ散歩　田中敬一
冬眠の謎を解く　近藤宣昭
人物で語る化学入門　竹内敬人
宇宙論入門　佐藤勝彦
タンパク質の一生　永田和宏
疑似科学入門　池内了
火山噴火　鎌田浩毅
数に強くなる　畑村洋太郎
人物で語る物理入門　上・下　米沢富美子
宇宙人としての生き方　松井孝典
私の脳科学講義　利根川進
宇宙からの贈りもの　毛利衛
市民科学者として生きる　高木仁三郎
科学の目　科学のこころ　長谷川眞理子
地震予知を考える　茂木清夫
生命と地球の歴史　丸山茂徳　磯﨑行雄
科学論入門　佐々木力
ブナの森を楽しむ　西口親雄
無限のなかの数学　志賀浩二
細胞から生命が見える　柳田充弘
摩擦の世界　角田和雄
からだの設計図　岡田節人
大地動乱の時代　石橋克彦
人工知能と人間　長尾真
腸は考える　藤田恒夫
日本列島の誕生　平朝彦
生物進化を考える　木村資生

岩波新書より

福祉・医療

岩波新書より

多民族国家 中国	王　柯
国連とアメリカ	最上敏樹
東アジア共同体	谷口　誠
ヨーロッパとイスラーム	内藤正典
現代の戦争被害	小池政行
帝国を壊すために	アルンダティ・ロイ 本橋哲也訳
多文化世界	青木　保
デモクラシーの帝国	藤原帰一
パレスチナ〔新版〕	広河隆一
人道的介入	最上敏樹
異文化理解	青木　保
ロシア市民	中村逸郎
ロシア経済事情	小川和男
南アフリカ「虹の国」への歩み	峯　陽一
ユーゴスラヴィア現代史	柴　宜弘
ビルマ「発展」のなかの人びと	田辺寿夫
東南アジアを知る	鶴見良行
獄中19年	徐　勝
モンゴルに暮らす	一ノ瀬恵
チェルノブイリ報告	広河隆一
イスラームの日常世界	片倉もとこ
サッチャー時代のイギリス	森嶋通夫
エビと日本人	村井吉敬
バナナと日本人	鶴見良行
韓国からの通信	T・K生「世界」編集部編
現代支那論	尾崎秀実

現代世界

岩波新書より

食と農でつなぐ　福島から　塩谷弘康・岩崎由美子
過労自殺〔第二版〕　川人　博
金沢を歩く　山出　保
ドキュメント　豪雨災害　稲泉　連
ひとり親家庭　赤石千衣子
女のからだ　フェミニズム以後　荻野美穂
〈老いがい〉の時代　天野正子
子どもの貧困 II　阿部　彩
性と法律　角田由紀子
ヘイト・スピーチとは何か　師岡康子
生活保護から考える　稲葉　剛
かつお節と日本人　宮内泰介・藤林　泰
家事労働ハラスメント　竹信三恵子
福島原発事故　県民健康管理調査の闇　日野行介
電気料金はなぜ上がるのか　朝日新聞経済部
おとなが育つ条件　柏木惠子
在日外国人〔第三版〕　田中　宏
まち再生の術語集　延藤安弘

震災日録　記憶を記録する　森まゆみ
原発をつくらせない人びと　山秋　真
社会人の生き方　暉峻淑子
構造災　科学技術社会に潜む危機　松本三和夫
家族という意志　芹沢俊介
ルポ　良心と義務　田中伸尚
飯舘村は負けない　千葉悦子・松野光伸
夢よりも深い覚醒へ　大澤真幸
子どもの声を社会へ　桜井智恵子
就職とは何か　森岡孝二
日本のデザイン　原　研哉
ポジティヴ・アクション　辻村みよ子
脱原子力社会へ　長谷川公一
希望は絶望のど真ん中に　むのたけじ
福島　原発と人びと　広河隆一
アスベスト　広がる被害　大島秀利
原発を終わらせる　石橋克彦編
日本の食糧が危ない　中村靖彦
勲章　知られざる素顔　栗原俊雄

希望のつくり方　玄田有史
生き方の不平等　白波瀬佐和子
同性愛と異性愛　風間　孝・河口和也
贅沢の条件　山田登世子
新しい労働社会　濱口桂一郎
世代間連帯　上野千鶴子・辻元清美
道路をどうするか　五十嵐敬喜・小川明雄
子どもの貧困　阿部　彩
子どもへの性的虐待　森田ゆり
戦争絶滅へ、人間復活へ　むのたけじ　聞き手　黒岩比佐子
テレワーク　「未来型労働」の現実　佐藤彰男
反貧困　湯浅　誠
不可能性の時代　大澤真幸
地域の力　大江正章
グアムと日本人　戦争を埋立てた楽園　山口　誠
少子社会日本　山田昌弘
親米と反米　吉見俊哉
「悩み」の正体　香山リカ

社　会

岩波新書より

経済

日本の税金〔第3版〕　三木義一
金融政策に未来はあるか　岩村充
経済数学入門の入門　田中久稔
地元経済を創りなおす　枝廣淳子
会計学の誕生　渡邉泉
偽りの経済政策　服部茂幸
ミクロ経済学入門の入門　坂井豊貴
経済学のすすめ　佐和隆光
ガルブレイス　伊東光晴
ユーロ危機とギリシャ反乱　田中素香
ポスト資本主義 科学・人間・社会の未来　広井良典
タックス・イーター　志賀櫻
コーポレート・ガバナンス　花崎正晴
グローバル経済史入門　杉山伸也
新・世界経済入門　西川潤
金融政策入門　湯本雅士
日本経済図説〔第四版〕　宮崎勇／本庄真／田谷禎三
新自由主義の帰結　服部茂幸
タックス・ヘイブン　志賀櫻
WTO 貿易自由化を超えて　中川淳司
日本財政 転換の指針　井手英策
日本の税金〔新版〕　三木義一
世界経済図説〔第三版〕　宮崎勇／田谷禎三
成熟社会の経済学　小野善康
平成不況の本質　大瀧雅之
原発のコスト　大島堅一
次世代インターネットの経済学　依田高典
ユーロ 危機の中の統一通貨　田中素香
低炭素経済への道　諸富徹／浅岡美恵
「分かち合い」の経済学　神野直彦
グリーン資本主義　佐和隆光
消費税をどうするか　小此木潔
国際金融入門〔新版〕　岩田規久男
金融商品とどうつき合うか　新保恵志
金融NPO　藤井良広
地域再生の条件　本間義人
経済データの読み方〔新版〕　鈴木正俊
格差社会 何が問題なのか　橘木俊詔
景気とは何だろうか　山家悠紀夫
環境再生と日本経済　三橋規宏
社会的共通資本　宇沢弘文
景気と国際金融　小野善康
経営革命の構造　米倉誠一郎
ブランド 価値の創造　石井淳蔵
景気と経済政策　小野善康
戦後の日本経済　橋本寿朗
共生の大地 新しい経済がはじまる　内橋克人
シュンペーター　伊東光晴／根井雅弘
経済学の考え方　宇沢弘文
経済学とは何だろうか　佐和隆光
イギリスと日本　森嶋通夫
近代経済学の再検討　宇沢弘文

岩波新書／最新刊から

(2021. 10)